“十二五”职业教育规划教材

21世纪全国高职高专艺术设计系列技能型规划教材

灯具设计

（第2版）

主　编　伍　斌

副主编　王　宇　戴　莎　汪春露

　　　　林界平　姜巨懿　曹　利

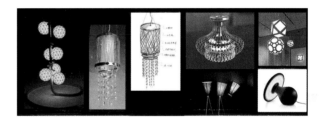

北京大学出版社

PEKING UNIVERSITY PRESS

内 容 简 介

本书以现代有代表性的灯具设计作品为研究对象，并根据高职高专教育艺术设计类专业教学的教育特点、培养方案及主干课程教学大纲进行编写。本书注重培养符合艺术设计类高等职业教育培养要求的"应用型""能力型"人才，包括灯具设计概述、灯具的种类、灯具设计及案例、灯具生产工艺——铜件灯具、灯具打样范例和现代灯具欣赏六部分内容。

本书融入实际灯具设计过程中完整的设计流程，以及具体而翔实的案例，系统而全面地讲解灯具设计中所涉及的知识，并将许多创意案例鲜活地展现在读者面前。

本书可作为高等院校艺术设计相关专业的教材，也可作为从事环境设计和灯具设计的相关人员的参考用书。

图书在版编目 (CIP) 数据

灯具设计 / 伍斌主编. —2 版. — 北京：北京大学出版社，2016.2

(21 世纪全国高职高专艺术设计系列技能型规划教材)

ISBN 978-7-301-26751-6

Ⅰ．①灯⋯ Ⅱ．①伍⋯ Ⅲ．①灯具—设计—高等职业教育—教材 Ⅳ．① TS956

中国版本图书馆 CIP 数据核字 (2016) 第 009877 号

书　　　名	灯具设计（第 2 版）
	Dengju Sheji
著作责任者	伍　斌　主编
策 划 编 辑	孙　明
责 任 编 辑	孙　明
标 准 书 号	ISBN 978-7-301-26751-6
出 版 发 行	北京大学出版社
地　　　址	北京市海淀区成府路 205 号　100871
网　　　址	http://www.pup.cn　　新浪微博：@ 北京大学出版社
电 子 信 箱	pup_6@163.com
电　　　话	邮购部 62752015　　发行部 62750672　　编辑部 62750667
印 刷 者	北京宏伟双华印刷有限公司
经 销 者	新华书店
	787 毫米 ×1092 毫米　16 开本　9.5 印张　215 千字
	2010 年 8 月第 1 版
	2016 年 2 月第 2 版　　2023 年 1 月第 6 次印刷
定　　　价	42.00 元

前　言

　　本书是为了全面贯彻《国务院关于大力推进职业教育改革与发展的决定》，认真落实《教育部关于全面提高高等职业教育教学质量的若干意见》，培养灯饰行业紧缺的设计型、技术应用型人才，依照高职高专教育艺术设计类专业教学的教育特点、培养方案及主干课程的教学大纲而编写。本书较好地体现了艺术设计类高等职业教育培养"应用型"、"能力型"人才的特点。在编写本书之前，编者与从事灯具设计的技术管理人员合作，在先后完成了《灯具设计师国家职业标准》起草的同时，为适应培训和认证的需要，严格按照国家职业资格培训教程大纲的编制要求，组成了《灯具设计师国家职业资格培训教材》编写专家组，并按照中华人民共和国人力资源和社会保障部职业技能鉴定中心有关本职业试验性培训鉴定工作要求，先后编写了179万多字的《灯具设计师国家职业资格培训教材》《复习指导书》和《习题库》。可以说，本书是按照《灯具设计师国家职业标准》基本框架与结构编写的，在整体教学与考核过程中充分发挥指导作用。编者坚持以职业活动为导向的原则，力图建立一种与职业标准相衔接的等级性、适应性和实用性的教材模式，将能力要求作为《灯具设计》教材的核心、导向和重点，从而打破了过去编写教材所追求的"理论体系、知识体系和思维逻辑体系"的框架。本书坚持实践第一的原则，无论是结构设计还是具体内容的编写，都十分注重反映理论对实践的指导作用，因而，本书引用的实际案例较多。

　　与《灯具设计》第1版相比，第2版有以下几方面的特点：

　　(1) 全部采用最新标准，时效性更强。

　　(2) 内容更加丰富、实用。

　　(3) 章节安排更加合理。

　　本着遵循专业人才培养的总体目标和体现职业型、技术型的特色，以及反映最新课程改革成果的原则，在体系的构建、内容的选择、知识的互融、彼此的衔接和应用的便捷上，不但为一线老师的教学和学生的学习提供有效的帮助，而且必定会有力地推进高职高专艺术设计专业教育教学改革的进程。教学改革是一个在探索中不断前进的过程，教材建设也必将随之不断革故鼎新。

　　本书第1章由汪春露编写；第2章由戴莎编写；第3章由伍斌、王宇和林界平编写；第4章由姜巨懿编写；第5章由林界平和伍斌编写；第6章由曹利编写。

　　由于时间仓促和缺乏该领域必要的参考资料和经验，本书不足之处在所难免，有待试用后进一步修改、补充和完善。敬请广大读者提出宝贵意见并批评指正。

伍斌

中国家具设计教育名师；
广东省高级职称评审委员会评委；
中山职业技术学院教授，高级工艺美术师。

目　录

第4章 灯具生产工艺——铜件灯具

第5章 灯具打样范例

第6章 现代灯具欣赏

第1章 灯具设计概述

教学目的

　　本课程是灯具设计专业的一门专业必修课。通过对灯具的起源、发展和演变过程的学习，激发学生对灯具设计的兴趣，了解灯具设计的历史和文化；熟悉灯具产业工业化的起因；了解灯具设计师，熟悉灯具设计程序和灯具设计方法，以及设计团队的工作分工。通过本章的学习，让学生了解和掌握从事灯具设计工作的基础知识。

教学重点

　　了解灯具的起源和发展，熟悉职业灯具设计师的工作职责和工作流程。

教学要求

知识要点	能力要求	相关知识	权重	自测分数
灯具的起源	了解灯具起源的原因	灯具起源的标志	20%	
灯具的发展过程	熟悉灯具发展和演变过程	中国古代灯具的几个阶段、灯具发展的演变历程和方向	40%	
职业灯具设计师与灯具设计流程	了解和熟悉灯具的设计流程	什么是职业灯具设计师、职业灯具设计师在企业的职能、灯具设计的流程	40%	

灯具的起源，要追溯到远古时代。灯具的发明与火的发现和用火照明密切相关，而人类发现和保存火是灯具发明的前提。原始人从火的用途中，知道火可以照明，因此可以说，最早的篝火就是我们先人发现的第一盏灯。那么最早的灯具是什么样子呢？它是如何在器物的基础上发展起来的呢？

1.1　灯具的起源

远古时代，原始人没有照明的器具，也缺少火种。他们在恶劣的、黑暗的环境中艰难度日。黑夜从来不是人类的朋友，它桎梏着先人们原本低级的生存活动，也为野兽的肆虐和侵袭制造了可乘之机。然而，这一切随着火的广泛使用而发生了翻天覆地的变化：火，驱散了虫豸和野兽，也减少了人们内心深处的恐惧和忧患；同时，人类渐渐有意识地保存火源，而这些用来保存火源的辅助设备经过不断改进和演变，也就形成了专用照明的器物——灯具。

1.2　灯具的发展过程

从人类有意识地制造各种设备保存火源，到1879年爱迪生发明电灯用于照明，灯具经过漫长的演变，经历了动物油灯、植物油灯、煤油灯、白炽灯、日光灯和LED灯的发展过程，演变了今天的灯具。

史料表明，在电还没有被发现之前，灯一直是照明的工具。灯的使用大致分为两个时期：前电力时代和后电力时代。

灯的发明和使用最早可追溯到公元前7万年。当时没有铜等金属可以用来制作灯，人们就用中空的石头和贝壳取而代之。在中空的石头和贝壳里放满了苔藓和其他植物，然后浸在动物脂肪里（动物脂肪可以代替油），于是，第一盏灯就这么诞生了。中国古代灯具的发展分为六个时间阶段。

第一阶段：战国时期，中国就有了自己的灯具，如图1.1和图1.2所示。这时候的金属工艺进入了一个更新的历史阶段，作为青铜器文化中一种后起的新生事物，铜灯具至少在上层社会中已经被普遍使用，成为他们日常生活中不可缺少的照明用具。

图1.1　战国人形铜灯　国家博物馆藏

图1.2　战国铜象灯　河北省文物研究所藏

第二阶段：秦汉时期。这是中国封建社会的全盛时期，经济与文化都达到了前所未有的高度。由于当时制陶业很发达，所以陶器具几乎代替了青铜器皿在人们日常生活用品中的地位，但制铜工艺并没有因此而衰退，相反，汉代青铜灯具的铸造工艺还出现了新的进步，如图1.3和图1.4所示。

图1.3　西汉鎏金羊形铜灯　西安市文物管理委员会　　　　　图1.4　东汉错银铜牛灯　南京博物馆

第三阶段：魏晋南北朝时期。这时动物灯具、人物灯具开始大规模地流行。魏晋南北朝至宋元时期，灯烛在作为照明用具的同时，也逐渐成为祭祀和喜庆活动不可缺少的必备用品。在唐宋两代绘画，特别是壁画中，常有侍女手捧或烛台正预备点燃烛台上的蜡烛的场面，如图1.5和图1.6所示。在宋元的一些砖室墓穴中，也常会发现在墓室壁上砌出的灯擎。

图1.5　稀有大型三彩釉陶制烛台　私藏　　　　　　　　图1.6　西汉长信宫灯

第四阶段：隋唐时期。这是中国封建社会十分繁荣昌盛的时代。它结束了300多年的分裂局面，无论是政治、经济，还是文化都十分繁荣，尤其是瓷器的发展十分迅速，这促进了瓷器灯具的发展，如图1.7和图1.8所示。

图1.7　高30.4cm的唐朝白瓷灯　中国历史博物馆藏　　　　图1.8　唐朝白瓷灯

第五阶段：宋元时期。这一时期在灯具的功能上把实用灯和随葬用灯分开，主要表现在灯具的装饰艺术上。宋代瓷灯具的装饰手法多种多样，按工艺材料的不同可分为坯体装饰、釉色装饰和彩绘装饰；按工艺技法也有刻、划、贴塑和彩绘等，如图1.9和图1.10所示。

图1.9　宋代红陶狮子灯　　　　　　　　　图1.10　宋代瓷灯

第六阶段：明清时期。这是中国古代灯具发展最辉煌的时期，最突出的表现是灯具和烛台的材质和种类更加丰富多彩。在材质上除原有的金属、陶瓷、玉石灯具和烛台外，又出现了玻璃和珐琅等材料的灯具。种类繁多、花样不断翻新的宫灯的兴起，更开辟了灯具史上的新天地，如图1.11～图1.13所示。

图1.11　明清时期的灯具一　　　图1.12　明清时期的灯具二　　　图1.13　近现代灯具

步入近代，随着人类对照明灯具需求量的增加和工业革命的到来，灯具进入产业的工业化时代。

到20世纪末，随着社会经济的发展和人们生活水平的提高，人们越来越多地对照明灯具提出了多样性和个性化的需求，多样性和个性化开始成为灯具的重要发展方向。职业灯具设计师便随着灯具行业的发展出现了。

1.3 职业灯具设计师与灯具设计流程

1. 职业灯具设计师定义

职业灯具设计师是设计人员的灯具设计能力的标准化、规范化和制度化以及灯具设计师在知识和技能、观念和态度等方面的规范和标准的综合体现。职业灯具设计师必须具备良好的设计鉴赏能力、行业行为规范和专业技能三方面的素质。

职业灯具设计师主要由从事艺术设计、结构工程和工业制造的设计人员组成，他们既要掌握灯具工业制造的技术知识又要掌握灯具艺术化设计的美学知识。

2. 职业灯具设计师的工作岗位职责

职业灯具设计师的岗位职能是利用现有的资源设计开发出能满足客户市场需求的产品，推动产品销售；始终为社会提供能满足用户需求，并寻求有意义、有价值的灯具产品。在此岗位上，职业灯具设计师的职责需担任多种角色：首先要担任灯具产品设计市场分析的辅导角色，其次要担任灯具产品设计的主导角色，最后担任灯具产品开发的配合互助的角色，进而完善灯具产品的设计和开发。

3. 职业灯具设计师在企业设计开发部的岗位分布和分析

灯具企业设计开发部架构图，如图1.14所示。

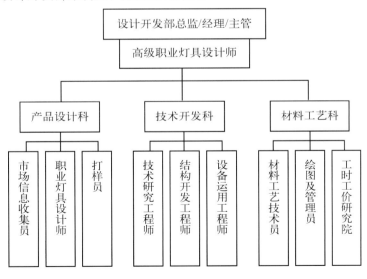

图1.14 灯具企业设计开发部架构图

如图1.14所示，以企业为例，职业灯具设计师在企业设计开发部的岗位及职能分为技术型和管理型两种。

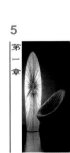

（1）技术型：初级、中级和高级职业灯具设计师可担任产品设计科的设计工作岗位，职能是负责灯具具体的设计和技术工作，与技术开发科和材料工艺科合作完成产品设计、开发、生产的工作。

（2）管理型：资深的高级职业灯具设计师，通过长期与技术开发科和材料工艺科的合作掌握其技术开发和材料工艺知识后，可担任设计开发部负责人的岗位，履行灯具总体的设计开发监督工作职能，对灯具的整个设计、开发、生产制造过程负责。

通过架构图来简要分析企业设计开发团队和各部门的职能，帮助大家进一步理解职业灯具设计师的工作职能与工作环境。

产品设计科：信息收集员负责对将要开发的新产品的市场信息进行收集、整理、分析，明确具体设计方向后，设计师对新产品进行设计并打样验证。

技术开发科：负责对新产品批量生产的技术、结构的研究和开发设计，并运用设备予以实现。

材料工艺科：负责配合技术开发科和产品设计科对新产品所需的材料进行技术可行性分析，以及成本控制和生产数据的管理，从而确保新产品顺利实现批量生产。

以下为某代表企业灯具设计开发部的具体工作内容，仅供学生参考。

（1）设计和完善设计图纸。

①效果图：效果图是说明性图，要求尽可能准确地表现出产品的外观形状，要求透视关系准确，尽量避免失真和变形；②拆装示意图：拆装示意图是表现产品内部关系的立体示意图，它是按组装的对应关系，将整装时各个配件分别移开一段距离，使其内部关系和装配关系一目了然，拆装示意图要求对所有配件进行编号，并在图上列出配件明细表；③配件图：配件图是不可再分配件的施工图。它要求画出配件的形状，注明尺寸，复杂的配件要求提出技术要求及注意事项，从而作为作业员加工时的技术依据；④1∶1蓝图：它适用于配件形状复杂，并要求一定加工精度的灯具。为了适应配件的加工需要。设计人员必须按实际的形状和大小画出比例一致的图纸。它分为直视图、俯视图和侧视图。

（2）图纸管理：①各类图纸绘制完成后由所在科室负责人复核，然后由部门主管审批；②审批后，按需要的份数进行复印，分别存档和分发；③图纸发放应做好签收登记，防止重发、漏发，且不得擅自复印；④各部门、车间对图纸有疑问的，应填写工艺复议单交工艺部，工艺部经核对后认为确需修改的，按照正常的图纸审批程序进行审批，然后，由工艺部门负责下发更正；⑤进行图纸修正的，应同时收回旧图纸；⑥过时图纸，由工艺部负责统一收缴。

（3）提供料单与配件清单：料单即开料的尺寸单，它简洁明了地说明开料的基本要求，是生产车间(尤其是开料车间)所必需的依据，产品料单随同图纸一齐下发。料单应注明材料种类、规格、具体要求等，必要时要配以实物或图片。

（4）明确包装要求：其中包括包装方法、所用材料和具体注意事项等。

（5）提供原材料及辅助材料用量：所有产品，都应在正式投产之前，由工艺部根据打样时所进行的材料测算，提供原材料及辅助材料用量以便物控部门作为制订定额标准的基础。

（6）提供生产工时：根据打样时的生产记录，统计出生产的"工时"，以便有关部门作为制订计件单价的依据。

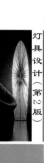

（7）特殊刀具的定做：凡是新刀具，都应由工艺部技术科画出图纸，交物控部门提前定做，以备批量生产时使用。

4. 灯具设计的流程

灯具设计的流程如图1.15所示。

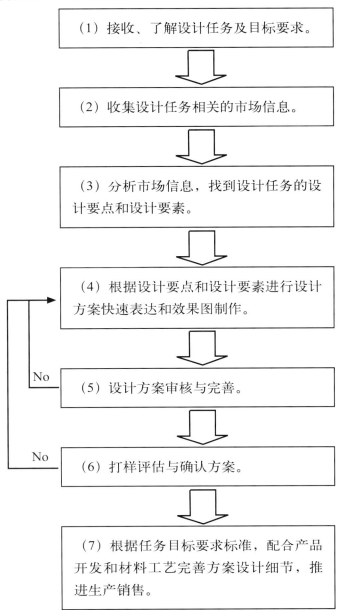

（1）接收、了解设计任务及目标要求。

（2）收集设计任务相关的市场信息。

（3）分析市场信息，找到设计任务的设计要点和设计要素。

（4）根据设计要点和设计要素进行设计方案快速表达和效果图制作。

No

（5）设计方案审核与完善。

No

（6）打样评估与确认方案。

（7）根据任务目标要求标准，配合产品开发和材料工艺完善方案设计细节，推进生产销售。

图1.15　灯具设计的流程图

从上面的灯具设计流程图我们可以发现，灯具设计流程其实就是灯具设计师接收设计任务、分析市场找到设计要点和设计要素，进行新方案设计并评估完善方案，最后实现方案生产销售的过程。

7

第一章

其中设计审核、评估环节需要公司所有资源的理论支持，所以设计师必须积极参与，认真对待，表1-1是某灯具制造公司的产品综合评估表，供大家了解参考。

表1-1 某灯具制造公司的产品综合评估表

产品编号： 产品名称：

项目	款式	颜色	结构	材料	工艺	品质	价格	其他	备注
满意程度（分）									
改善意见									
结论									

本 章 小 结

通过对灯具的起源、发展与职业灯具设计师及灯具设计流程的学习，让学生简要了解灯具设计的历史背景与行业发展状况，快速建立灯具设计的学习框架。激发学生对灯具设计的兴趣，使学生学习灯具设计既有明确的方向又有具体思路，再融合其他的美术与设计知识，来进一步学习好灯具设计相关知识，才能帮助学生快速成为一名合格的灯具设计师。

习 题

1. 秦代灯具对近代灯具设计有哪些影响？
2. 论述中国传统灯具的特点。
3. 灯具设计师的职业要求有哪些？
4. 中国灯具产业的工业化进程经历哪几个重要时期？
5. 试分析职业灯具设计师产生的原因。

灯具设计（第2版）

第2章　灯具的种类

教学目的

　　本章主要介绍灯具的种类及各类灯具的主要形式和特点，使设计师对灯具市场有一个宏观、清晰的初步了解，从而对以后的灯具设计开发产生一定的帮助。

教学重点

　　各类灯具的主要形式和特点。

教学要求

知识要点	能力要求	相关知识	权重	自测分数
室内灯具的种类	了解室内灯具的主要种类及其主要形式和特点，并能将该知识灵活地用于具体的灯具设计开发过程	室内移动式灯具的主要形式和特点；室内固定式灯具的主要形式和特点	60%	
室外灯具的种类	了解室外灯具的主要种类及其主要形式和特点，并能将该知识灵活地用于具体的灯具设计开发过程	门灯、道路灯、庭院灯、水池灯、地灯、广场照明灯、霓虹灯的主要形式和特点	40%	

灯具种类齐全、形态功能各异，是集艺术形式、物理性能及使用功能等多种功能于一身的产物。在进行分类时，不能仅以一种分类形式来概括它们自身所具备的全部特点，而应从不同的角度出发，更充分地说明灯具的具体形式及特性。本章从人居空间的角度，将灯具分为室内灯具和室外灯具两大类，再将每大类进行细分，使学生对灯具市场有一个宏观、清晰和初步的了解，从而对灯具设计开发起到一定的指导作用。

2.1 灯具主要分类方法

我国是灯具生产和制造大国。当前市面上的灯具种类齐全、形态功能各异，灯具是集艺术形式、物理性能及使用功能等多种功能于一身的产物。在进行分类时，不能仅以一种分类形式来概括它们自身所具备的全部特点，而应从不同的角度出发，更充分地说明灯具的具体形式及特性，使我们认识灯具市场，合理地进行灯具设计开发产生。下面是一些常用的灯具分类方法。

(1) 按照灯具安装方式的不同分类，灯具可分成固定式灯具和可移动式灯具，包括壁灯、吸顶灯、吊灯、地脚灯、台灯、落地灯、嵌入式灯、半嵌入式灯、庭院灯和道路广场灯等。

(2) 按灯具使用场所来分类，灯具可分成民用灯、建筑灯、工矿灯、车用灯、船用灯和舞台灯等大类。

(3) 按采用的电光源分类，灯具可划分成白炽灯具、荧光灯具、高压气体放电灯具等大类。

(4) 按照灯具的不同使用功能来分类，灯具可分为照明灯具和灯饰(俗称花灯) 两大类。

(5) 按照灯饰的文化艺术特点来分类，灯具可分成中式灯具、欧式灯具、现代简约灯具和其他艺术灯具等。

(6) 按灯具的配光分类，灯具可分成直接照明型、半直接照明型、全漫射式照明型、半间接照明型和间接照明型等大类。

(7) 按照灯具的物理特性来分类，灯具可分成直接型灯具、半直接型灯具、半间接型灯具和间接型灯具。

(8) 按照灯具的结构来分类，灯具可分成开启型灯具、闭合型灯具、封闭型灯具、密闭型灯具、防爆型灯具、隔爆型灯具、安全型灯具和防震型灯具等。

(9) 国际分类方法：先按灯具的使用范围分大类，再对每一大类按灯具安装在建筑物的部位或灯具的性能分小类。包括公共场所灯具、船用灯具、民用建筑灯具、工矿灯具、水面水下灯具、陆上交通灯具、航空灯具、军用灯具等13大类。再把各大类分成若干小类，如民用建筑灯具就其安装部位的不同又可分成落地灯、台灯、壁灯、吸顶灯、床头灯、门灯和吊顶等小类。

本章按灯具使用场所的不同，将当前市面上灯具的种类分成室内灯具和户外灯具两大类。

2.2 室内灯具的种类

室内灯具的种类繁多，因其使用场所和使用对象的不同而发挥着不同的功能，具有不同的特性，也有着不同的文化和风格。室内灯具一般按照两种方式来分类：室内可移动式灯具和室内固定式灯具。

2.2.1 室内可移动式灯具

室内可移动式灯具主要是指在室内空间中可以自由移动变换位置的灯具。其在室内布置和照明使用上具有很好的灵活性，可以随着室内布置的需要和被照物体位置的改变而灵活地变换位置。因经常要与人体接触，所以对灯具的防触电性要求很高，常采用超低压电源和加强绝缘的方法，以确保人身安全。

室内可移动式灯具主要有台灯、落地灯、射灯和艺术欣赏灯等。因室内可移动式灯具的功率比较小，主要用于装饰照明和局部照明，所以在家居布置中常起着装饰室内空间、烘托室内气氛的作用。

1. 台灯

台灯是人们生活中用来照明的一种可移动性局部照明家用电器。它是以一系列支撑光源的构件组合而成的统一整体，当运用在台面上时称为台灯。它一般分为两种：一种是立柱式的；另一种是有夹子的。其工作原理主要是把灯光集中在一小块区域内，集中光线，便于工作和学习。一般台灯用的灯泡是白炽灯或节能灯泡。有的台灯还有应急功能，用于停电时无电照明。

台灯按照安装的光源可以分成白炽台灯和荧光台灯两类。白炽台灯可以分成工作台灯与艺术台灯；荧光台灯按照使用灯管的不同可分成直管型荧光台灯与紧凑型荧光台灯。

1) 白炽工作台灯

白炽工作台灯配有良好的反光罩、投光性能好，能保证工作面上有充分的照度值，对保护人眼视力有很好的作用。工作台灯被广泛地应用于办公室、阅览室及其他需要局部照明的工作场所，如图2.1所示。

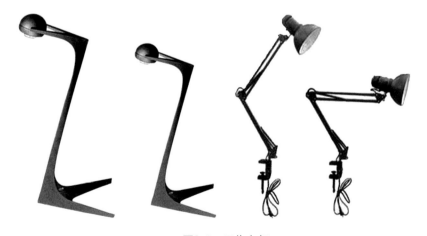

图2.1 工作台灯

图2.2 艺术台灯

图2.3 直管型荧光台灯

图2.4 紧凑型荧光灯管

2）艺术台灯

艺术台灯的品位较高，在满足照明功能的同时，还要使台灯具有一定的艺术美感，以满足使用者对审美的需求。当前市面上的艺术台灯造型各异，突破了传统意义上人们对台灯的认识，如图2.2所示。不过，应当注意的是，艺术台灯能做生活照明，不宜做书写照明。

3）荧光台灯

（1）直管型荧光台灯。直管型荧光台灯受到直管型荧光灯管的限制，其造型比较简单，其款式没有白炽台灯那么丰富多样，大多采用一个不透明或几乎不透明的金属罩，既能反射光线以增加工作面的照度使光线分布合理均匀，同时还有一定的遮光角以保护视力。荧光台灯的光效比白炽灯光效要高，如图2.3所示为直管型荧光台灯。

（2）紧凑型荧光台灯。紧凑型荧光台灯以紧凑型荧光灯为光源，因灯管体积小，所以不仅能发挥荧光台灯光效高的优势，又能具有白炽台灯般灵活丰富的外观，如图2.4所示为紧凑型荧光台灯常用的紧凑型荧光灯管。

2. 落地灯

落地灯是一种放置在地面上的可移动式灯具，按照功能的不同可分为两种：一种是作局部照明用的高杆落地灯；另一种是作补充照明用的矮脚落地灯。因现代人对灯的审美要求更高，所以当前市面上也涌现出许多形态各异的落地灯，灯体不再是用灯杆支撑，而是采用其他更灵活的形式，以满足不同的使用者对审美的不同需求，如图2.5所示。

1）高杆落地灯

高杆落地灯的灯杆很高，其艺术造型主要体现在灯罩和灯杆上。光源一般固定在灯杆的顶端，从灯罩下沿发出的光线作局部照明用，从灯罩四壁透出的光可补充室内照明。灯罩常采用的材质有布艺、亚克力板、羊皮纸、刻花玻璃和磨砂玻璃等有

图2.5 国外新型落地灯

色半透光材质。除玻璃和金属材质做成的灯罩外，其他材质如布艺灯罩常内外双色，不仅能避免眩光、使灯罩表面亮度均匀，还具有一定的装饰效果。目前，市面上出现了不透明金属材料制成的灯罩，这些灯罩的局部照明好，周围比较暗，能产生特殊的光照效果。灯杆的形状多种多样，除了可以调节高度的金属管材以外，还有节形、方形、瓶颈形和曲线形等，如图2.6～图2.8所示。

图2.6　直接照明型高杆落地灯

图2.7　新型落地灯灯杆

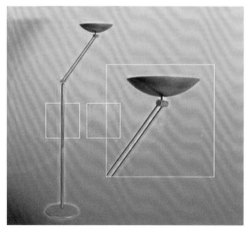

图2.8　间接照明型高杆落地灯

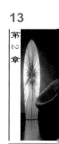

图2.9 矮脚落地灯

2）矮脚落地灯

矮脚落地灯比高杆落地灯矮得多，因此又称为"矮脚灯"。常作为辅助照明光源，用于房间、厅堂和走廊等。矮脚灯的造型多种多样，似装饰艺术品，在室内布置中起着很好的装饰照明作用，如图2.9所示。

3．射灯

射灯属于局部照明灯具。其反光罩有强力折射功能，10W左右的功率就可以产生较强的光线，且光线集中，能重点突出或强调某物件或空间，装饰效果明显。射灯的颜色接近自然光，将光线反射到墙面上不会刺眼，而且变化也多，可利用小灯泡做出不同的投射效果，所以被广泛地应用于商店、博物馆、展览厅等作为展示光源。

射灯可分为下照射灯和路轨射灯。

（1）下照射灯常装于顶棚、床头上方及橱柜内，采用吊挂、落地和悬空等安装方式，造型有管式下照灯、套筒式下照灯、花盆式下照灯、凹形槽下照灯及下照壁灯等，如图2.10所示。

（2）路轨射灯安装有万向节或调节支架，富有现代气息，机动性能好，近几年更是盛行于家居照明环境中。但随着家居风格的改变，又出现了许多新的造型，其所投射的光束，可集中于一幅画、一盆花、一件精品摆设等，创造出丰富多彩、神韵奇异的光影效果，常用于客厅、门廊、卧室和书房等，如图2.11所示。

图2.10　新型家居用下照射灯

图2.11　安装在滑动导轨上的路轨射灯

4．艺术欣赏灯

艺术欣赏灯是一种纯欣赏性的灯具。这种灯具拥有奇丽的造型多种多样的彩色光线，整体上具有艺术感觉。

现在常见的艺术欣赏灯有：光导纤维灯、变色灯、音乐灯和壁画灯等。此外，一些艺术家和设计师采用新颖材质和新颖工艺制作的灯，具有很独特的艺术欣赏效果，如图2.12所示。

图2.12　艺术吸管灯

光导纤维灯是用光导技术制成的艺术欣赏灯。光导纤维加工易，成本低，是光纤灯的理想材料。光纤具有导光性强、省电、耐用、不发热、无污染、可弯曲、可变色，环境适应范围广，以及使用安全等特点。其导光方式分为柔美温馨的线光光纤和熠熠生辉的点光光纤，广泛应用于建筑物装饰照明、景观装饰照明、文物工艺品照明、特殊场合照明、广告牌和娱乐场所等装饰亮化工程，如图2.13所示。

图2.13　光导纤维灯

3.2.2　室内固定式灯具

室内固定式灯具有吊灯、吸顶灯、壁灯、空调灯、应急灯、防潮灯和防爆灯等。前三种灯兼具照明和装饰的双重功能，其艺术风格与建筑物浑然一体，使人们在室内空间中得到舒适的光照与艺术享受。后四种灯具有很好的功能性，能满足不同情况对灯的不同需求。

1. 吊灯

吊灯是由连接机械结构将光源固于顶棚上的悬挂式照明灯具，如图2.14所示。

吊灯一般悬挂于室内，其照明具有普遍性，能使地面、墙面及顶棚都得到均匀的照明。因此，吊灯常用于空间

图2.14　吊灯

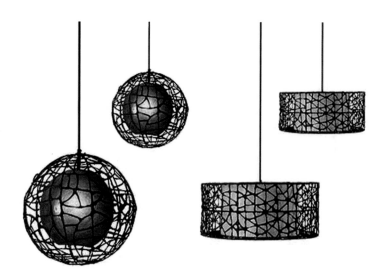

内的平均照明，特别是在较大房间或大的厅堂内，需要轻松气氛的环境。而要营造轻松气氛的环境，吊灯的作用就显得极为重要：一方面能使整个空间亮起来；另一方面能与局部照明或重点照明结合使用，可起到柔和光线，减少明暗对比的作用。

吊灯具有照明与装饰的双重功能，由于使用场所的不同，有些吊灯更重视外观造型，被称为装饰

图2.15　装饰吊灯

吊灯；有些吊灯十分注重照明效果，被称为功能性吊灯。

装饰吊灯造型多样，风格各异。受家居风格的直接影响，目前市面上的装饰吊灯风格主要有中式风格、欧式风格和现代简约风格。此外还出现了一些新型材质制作的装饰吊灯，满足着部分人群对审美的个性要求，如图2.15所示。

功能性吊灯常采用几何线条，造型简洁、大方，反光罩设计合理。其照明方式主要有三类：直接照明型(狭照型、中照型和广照型)、半直接照明型和全漫射式照明型。在功能性吊灯中很少用间接照明与半间接照明方式，如图2.16所示。

1) 单灯罩吊灯

这是以一个灯罩为主体的吊灯。灯罩内可包含一个光源，也可以包含多个光源。前者体积较小，常用于家庭居室；后者体积较大，多用于较大的房间。单灯罩吊灯品种多样，一般有以下几种。

图2.16　单灯罩直接照明型功能性吊灯

(1) 吹制玻璃灯罩吊灯。这是使用很广泛的单灯罩吊灯，有的用乳白色的玻璃，有的用喷金玻璃，有的套上多种颜色，吹制成各种形状，以优美和谐的造型与图案给人以艺术的感受。还有的吹制玻璃罩采用两种不同颜色的玻璃套制成，造型以简单的几何图形(如圆、椭圆、双曲线、抛物线和直线) 组合而成，充满着现代气息，如图2.17所示。

(2) 喷砂玻璃吊灯。在透明玻璃板上采用喷砂或刻花工艺，绘制出花纹，再配上金光闪闪的金属框架拼成造型多变的吊灯，如图2.18所示。

图2.17　吹制玻璃灯罩吊灯

图2.18 喷砂玻璃吊灯

(3) 彩色压制玻璃吊灯。把平板玻璃压制成各种形状,涂上彩色介质膜,并印上图案,使灯具显得高贵华丽,如图2.19所示。

(4) 玻璃、塑料挂片灯。把茶色半透明或白色半透明的玻璃、塑料制成挂片,按一定几何形状挂在光源周围,造型既美观又大方,如图2.20所示。

图2.19 彩色压制玻璃吊灯   图2.20 玻璃、塑料挂片灯

(5) 纺织品灯罩吊灯。用五彩的布、绸等纺织品固定在各种形状的钢性支架上,做成风格各异的灯罩。这类灯显得十分典雅。也有的用网包住光源,很有特色,如图2.21所示。

(6) 塑料灯罩吊灯。塑料灯罩吊灯是近年来迅速发展起来的一种吊灯,这种灯结构简单、体积轻巧,图案光泽鲜艳,产品价格低廉,十分受消费者欢迎。有的塑料灯具制成内外两种色彩,内表面为白色,有良好的反光作用,外表面为彩色,供人们欣赏。也有的塑料灯具装有透光塑料罩,如图2.22所示。

图2.21 纺织品灯罩吊灯　　　　　　　　图2.22 塑料灯罩吊灯

(7) 木质吊灯。木质吊灯近年来有一定发展，不少人欣赏古朴的风格，喜欢在客厅中挂上一盏带有深厚民族风格的古色古香的木质吊灯。目前，市场上的木质吊灯主要有中国风格、日式风格和欧式风格，如图2.23和图2.24所示。

图2.23 木吊灯　　　　　　　　　　图2.24 木质葫芦吊灯

(8) 金属吊灯。用金属材料制成几何形状，线条十分明快，灯具呈银白色、黑色或银灰色，富有现代气息，如图2.25所示。

(9) 帝凡尼玻璃吊灯。帝凡尼玻璃内含不规则图案的条纹，在灯光照射下呈现出隐隐约约、层层叠叠、朦朦胧胧的状态，给人以一种色彩斑斓、五彩缤纷的感觉。有些帝凡尼玻璃盆还配上金光闪闪的镀金灯架，既华丽又大气，深受人们喜爱，如图2.26所示。

灯具设计（第2版）

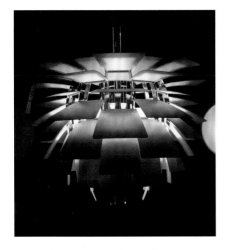

图2.25 金属吊灯

图2.26 帝凡尼玻璃吊灯

2）玻璃(塑料)片组合吊灯

这类灯具一般是将透明或半透明的玻璃(塑料)单片按一定秩序组合在光源周围。有的在玻璃片上刻上美丽花纹；也有的把玻璃片压制成各种形状，涂上彩色介质膜，印上图案，使灯具显得更加美丽大方。组合吊灯有单层的和多层的。多层组合吊灯一般比较豪华，多用于豪华的大厅里；单层组合吊灯常用于家庭卧室、客厅及宾馆客房，如图2.27所示。

3）枝形吊灯

枝形吊灯可分为单层枝形吊灯、多层枝形吊灯与树杈形枝形吊灯。

(1) 单层枝形吊灯。将若干个单灯罩吊灯在一个平面上通过形态如树枝的灯杆组装起来，就成了单层枝形吊灯。这种灯具是目前家庭很常用的、款式也很多。单灯罩吊灯中一切花色造型都可以在枝形吊灯中组合，而且气派远比单灯罩吊灯大得多，如图2.28所示。

图2.27 单层玻璃片组合吊灯

图2.28 单层枝形吊灯

(2) 多层枝形吊灯。枝形吊灯向多层次空间发展，就成了多层枝形吊灯，这种灯具显得高贵而且华丽。一般用于大厅、会堂的中央，灯具本身就是建筑物中最引人注目的装饰品，如图2.29所示。

(3) 树杈形枝形吊灯。把若干只形状相同的灯，旋转安装在一根金属杆的不同位置上，得到形如树杈的吊灯，如图2.30所示。

图2.29　多层枝形吊灯

图2.30　树杈形枝形吊灯

4) 球帘吊灯

这是近年来发展很快的豪华型吊灯。它由成千上万只经过研磨处理的玻璃片或球串连起来作为装饰。开灯时，玻璃球就会使光折射。由于光折射角度不同，整个吊灯呈现五彩之色，给人以华丽、兴奋的感受。这种灯一般用于宾馆的大厅或高级住宅的客厅，如图2.31所示。

图2.31　球帘吊灯

5）荧光灯吊灯

采用荧光灯光源制作的吊灯，兼顾白炽灯与荧光灯造型的优点，因而品种特别丰富。有敞开式、配棱晶罩和乳白罩。敞开式的光效高，但有眩光，对保护视力不利。棱晶罩灯具光效有所下降，而眩光几乎没有。因此应该根据使用场所的不同，选择适当的荧光灯具。

6）功能性吊灯

这类灯具外形多为简单的几何形体线条，反光罩设计合理，灯具的照明效率比较高。多数功能性吊灯是直接照明型，少数为半直接照明型或全漫射型。直接照明灯具按照反光罩的形状可分成狭照型、中照型和广照型。灯具的外壳多为金属材料(全漫射型的灯罩为玻璃材料)，表面处理多为喷塑或喷漆。功能性吊灯用于公共场所、车间和仓库等处，如图2.32所示。

图2.32　功能性吊灯

2. 吸顶灯

吸顶灯是一种直接吸附在顶棚上的固定灯具。在使用功能及特性上基本与吊灯相同，只是这两种灯在使用空间上有区别，吊灯多用于较高的空间中，吸顶灯则用于较低的空间中。另外，吸顶灯要求灯体长一些，以达到理想的视觉效果。

吸顶灯按所用光源可分成白炽吸顶灯具和荧光吸顶灯具两类。按安装情况与外形形状可分为两类：一般式吸顶灯具(单灯罩吸顶灯具、多灯组合吸顶灯具、枝形吊灯)和嵌入式吸顶灯具。

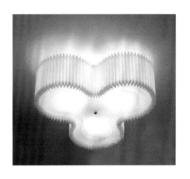

图2.33　单灯罩白炽吸顶灯

1）单灯罩白炽吸顶灯

这类灯具一般采用白炽灯为光源。灯罩用玻璃、塑料、金属等不同质地的材料制成不同形状的灯罩，不仅造型大方，而且光线柔和，如图2.33所示。

2）多灯组合白炽吸顶灯

将几只形状相同的单灯组装在一起就得到一只多灯组合的吸顶灯具。组合的方法多种多样：有的将单灯安装在同一平面上；有的采用不同的方法组装。多灯组装的照度高，气派大，常用于厅堂之中，如图2.34所示。

图2.34　多灯组合白炽吸顶灯

3）枝形吸吊灯

吸顶灯安装灯具的主轴，由主轴向空间伸出若干如树枝状的灯杆，配上美丽的灯罩，就是吊灯。它集中了吸顶灯和吊灯的优点，既占据较小空间，能安装在层高不到3m的室内，又能显示出枝形吊灯的豪华和气派，如图2.35所示。

图2.35　枝形吸吊灯

图2.36　玻璃片珠拼装吸顶灯

图2.37　嵌入式白炽吸顶灯

图2.38　全封闭玻璃灯罩壁灯

4）玻璃(塑料)片珠拼装吸顶灯

这种灯是用玻璃片、塑料片或挂珠拼装成的灯具。这类灯具外形富丽堂皇，被广泛应用于客厅、居室、商店和餐厅等处，如图2.36所示。

5）嵌入式白炽吸顶灯

嵌入式吸顶灯是镶嵌在楼板隔层的灯具。它有较好的下射配光。在设计的过程之中，可以将多个嵌入式吸顶灯装在天花板的同一平面上；也可以按照一定的设计图案进行搭配，并将它们装上统一的或有层次的控制电路，就能产生亦柔亦刚的光照效果。

随着对吸顶灯功能需求的扩大，也促使了嵌入式吸顶灯具功能的改变。市面上还出现了能做灯体转动角度的嵌入式吸顶灯具。嵌入式吸顶灯具运用环境场所十分广泛，如图2.37所示。

6）半嵌入式吸顶灯

半嵌入式吸顶灯是将嵌入式和吸顶式结合在一起的灯具。灯具的一部分被镶嵌在楼板的隔层里，暴露在外面的部分则可以运用任何一种一般的吸顶灯具的造型艺术方式。安装的方法则与嵌入式吸顶灯具的方法相同。半嵌入式吸顶灯具适用于营业厅和宾馆等处。

3．壁灯

壁灯是安装在墙壁、建筑支柱及其他立面上的灯具。壁灯的光源较小，眩光值也相应较小。

目前，市面上的壁灯主要有玻璃灯罩壁灯、金属灯罩壁灯、纺织品灯罩壁灯和其他灯罩壁灯等。

玻璃灯罩壁灯可以分为全封闭型和半封闭型两种。全封闭型灯罩大多用乳白、印花和喷砂玻璃制成。造型有球形、钟形、波纹形和螺旋形等，如图2.38所示。

半封闭型灯罩也有许多品种，如空腔式、拼片式、半敞露式和蜡烛式等。空腔式灯罩有喷砂玻璃、刻花玻璃和印花玻璃等；拼片式灯罩有透明平片、压花平面等；半敞露式灯罩有竖式、横式等；蜡烛式灯罩则是用蜡烛形灯泡制成的光源，如图2.39所示。

图2.39　半封闭玻璃灯罩壁灯

1）金属灯罩壁灯

金属灯罩壁灯线条明快，十分富有现代感。这种壁灯可以分成直接照明型(狭照型、中照型)和间接照明型，如图2.40和图2.41所示。

2）纺织品灯罩壁灯

纺织品灯罩比较素雅大方，大多都是印花或绣花的，如图2.42所示。

白炽壁灯大多都是单枝或是双枝的，三枝和三枝以上的很少见。灯杆的风格与灯罩的风格一致。白炽壁灯灯泡的选择，可以根据不同的环境、气候、季节来选择不同颜色的灯泡。荧光壁灯受灯管限制，一般体积比较小，常采用吸壁方式安装。

图2.40　金属灯罩壁灯

4.　顶棚照明器

顶棚照明器指将一般光源式灯具与建筑顶棚结合为一体，或与室内装饰结合为一体。它的好处有：一方面对建筑及室内的设计效果来说，可以达到完整统一，不会破坏室内装饰的整体性；另一方面光源比较隐蔽，这就能避免眩光，从而产生良好的光环境。

顶棚照明器的主要类别有：发光顶棚、格栅顶棚、组合顶棚、成套装置顶棚、发光灯槽和檐口照明，如图2.43～图2.46所示。

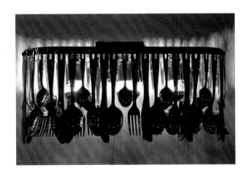

图2.41　创意金属壁灯

图2.42　法国埃米尔雅克风格布艺灯罩壁灯

图2.43　发光顶棚

图2.44　格栅顶棚

图2.45　组合顶棚

图2.46　檐口照明

5. 安全照明建筑灯具

随着社会的进步，时代的发展，以高科技和悠久的历史文化为背景的城市已经步入了立体化的发展阶段。高层建筑、地铁、地下商场和文娱场所的规模日益扩大，建筑安全照明也越来越重要。如果没有安全照明，这些公共场所一旦发生停电事故，后果则不堪设想，如果没有安全照明，这个以电力为动力而飞速运转的社会将会停滞不前，其损失不可估量。因此，对安全照明建筑灯具进行更加合理化、更加美观的设计，应是设计师们不懈的追求。

目前，被广泛应用的安全照明建筑灯具主要有：应急灯具和高空应急灯具，如图2.47所示。

高空障碍警戒灯具安装都在大楼顶上。各个国家都对高空障碍灯具的安装有着严格的规定，如图2.48所示。

图2.47　应急灯　　　　　　　　　　图2.48　高空障碍灯

6. 高大建筑照明灯具

在许多公共环境中，如高大厂房、体育馆、比赛场和大会堂等，高大建筑照明大多采用大功率的高大建筑照明灯具。此种灯具的特点是：外形大方实用、配光合理和光效较高。

由于具体的环境对高大建筑照明灯具的光色要求不尽相同，所以将此种灯具按使用场地的不同可分为：工厂、比赛厅和大会堂等的照明灯具，如图2.49和图2.50所示。

图2.49　高大厂房照明灯

图2.50　大会堂照明灯

7. 特殊功能照明灯具

用于易燃、易爆、潮湿、低温和腐蚀性等环境的灯具称为特殊功能灯具。这类灯具的主要品种有：防潮灯具、净室灯具、低温环境灯具、防腐灯具和防爆灯具等，如图2.51～图2.55所示。

图2.51　防潮灯

图2.52　净醛灯

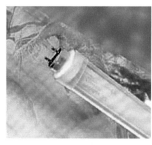
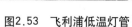

图2.53　飞利浦低温灯管

图2.54　隔爆型防爆灯

图2.55　增安型防爆灯

8. 舞台灯具

用于舞台照明、电影和电视照明的灯具称为舞台灯具，如图2.56～图2.58所示。而舞台电影、电视灯具按其构造和效用可以分成聚光、散光和特殊光效3种类型，如图2.59～图2.62所示。

图2.56　聚光舞台灯

图2.57　五彩缤纷的舞台灯

图2.58 舞台灯

图2.59 舞台散光灯

图2.60 舞台地牌散光灯

图2.61 开幕式晚会特殊光效果灯

图2.62 舞台特殊灯光效果

2.3 室外灯具的种类

室外环境与室内环境不同，各种各样的气候要求室外灯具必须具备防水、防喷、防滴和防晒等诸多功能。各种功能的室外灯具在满足照明需求的同时，还要对城市道路、建筑和街区等的夜景，起到非常重要的塑造和烘托作用。

2.3.1 门灯

门灯是安装在庭院和建筑物门上的灯具，主要对进门处进行照明。下面将简单的介绍门灯的种类。

1. 门顶灯

门顶灯是被安装在门柱顶上的灯具，灯具的风格一般与入口处的风格相同，因此常常感到与建筑物融合成一体，因其位置高，所以在人进入大门时会有一种气势非凡的感觉，如图2.63所示。

2. 门壁灯

门壁灯有两种，一种是分支式壁灯，另外一种是吸壁式壁灯。门壁灯可安装在房屋的转角上，当夜幕降临时，壁灯不仅能起到照明的效果，更能用柔和的灯光勾勒出建筑的外形，欣赏氛围极佳，如图2.64所示。

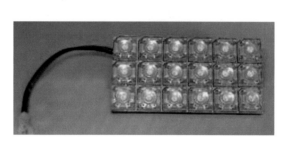

图2.63　门顶灯　　　　　　　　　　　　　　图2.64　门壁灯

3. 门前座灯

门前座灯位于门的两侧，或一侧，高2～4m。门一般是一座建筑物的"脸面"，而门前座灯更是其最重要的组成部分。所以要求门前座灯造型形式要与建筑风格统一，并能在变化之中有所创新，如图2.65和图2.66所示。

图2.65　东汉胡人人俑坐灯　　　　　　　　　图2.66　门前坐灯

2.3.2　庭院灯

庭院灯主要应用于庭院、公园和建筑物的旁边，庭院灯要求它们不仅为环境提供照明功能，更应具备完美的造型，成为建筑物旁边、庭院空间内的艺术装饰。

构成一个完整庭院的元素有很多，其中主要的是树木、草坪、雕塑、水池、景观小品和廊架等。因此，各处庭院灯的形态和性能也各不相同。庭院灯的种类主要有园林小径灯和草坪灯，如图2.67和图2.68所示。

图2.67　园林小径灯

图2.68　草坪灯

2.3.3　水池灯

水池灯要有非常好的水密性，灯具中的光源一般选用卤鸽灯。当灯具放光时，光经过水的折射，会产生七色的光效，使水面波光粼粼，令人陶醉，还有的水池灯配上音乐，效果更佳，如图2.69所示。

图2.69　水池灯

2.3.4　地灯

地灯是灯体嵌于地下，灯光可以向上方或斜上方照射的灯具。地灯的透光玻璃有无色、彩色和磨砂3种。

地灯根据其功能可以分成两类：装饰地灯和信号地灯，如图2.70所示。

图2.70　装饰地灯

2.3.5 道路灯具

道路灯具起着重要的道路指示作用，同时道路灯具的造型既要美观又要富有现代感，只有这样才能成为城市景观的亮点。

道路灯具可以分成两类：一类是功能性道路灯具；另一类是装饰性道路灯具。

1. 功能性道路灯具

功能性道路灯具在设计上必须有科学的配光，要求其大部分的光能均匀地投射在道路上，每两盏自然灯之间的间距不允许有暗带，光束与光束的边缘交接要自然。当前市面老式直装式道路灯已经很少用，取而代之的是款式现代、设计合理和材料新颖的新式直装式路灯。该灯的反射器设计比较复杂，不过随着灯具设计的发展，这一问题将得到进一步的完善，如图2.71所示。

2. 装饰性道路灯具

装饰性道路照明灯具在保证照明和照度的基础上，主要是用于著名的建筑物和广场上，起到装饰的效果。这种灯具不强调配光，主要强调造型的美观。因此，这种灯具大多造型讲究，风格与周围环境相协调，突出整体环境的艺术风格特色，如图2.72所示。

图2.71　功能性道路灯

图2.72　装饰性道路灯

2.3.6 广场照明灯具

广场照明灯具是一种大功率投光类灯具，具有镜面抛光的反光罩，采用高强度的气体放电光源，光效高、照射面大。有些灯具还装有转动装置，能调节灯具照射方向。广场照明灯具依其反射功能的不同分成两类：一类旋转对称反射面广场照明灯具；另一类竖面反射器广场照明灯具，如图2.73所示。

图2.73　广场照明灯

2.3.7　霓虹灯具

霓虹灯是一种低气压冷阴极辉光放电灯。寿命长达1500h以上，能瞬时启动，光输出可以调节，灯管可以做成各种形状，配上控制电路，就能在同一时间内开启不同部分的灯管，使图案变换闪耀，起到广告宣传的作用。

霓虹灯的分类主要有三类：透明玻璃管霓虹灯、彩色玻璃霓虹灯和荧光粉管霓虹灯，如图2.74所示。

图2.74　美丽的霓虹灯

本 章 小 结

　　灯具种类如此繁多，特点特性各不相同，专业的灯具设计师们，平常应该通过各种途径了解各种类灯具的具体款式、性能和特点，如逛灯具卖场等，以了解灯具行业最新上市的产品及老产品的优缺点，使新开发设计的灯具产品更成熟、更贴近市场的需要。

习 题

1. 你认为按照哪种分类方式对室内灯具进行分类是最科学合理的？并说明你的理由。
2. 广场装饰性照明灯具的外观设计需要满足哪些方面的要求？
3. 根据灯具风格的不同，室外灯具可分为哪些？

灯具设计（第2版）

第3章　灯具设计及案例

教学目的

　　首先学会制作灯具设计方案，然后通过计算机辅助设计或手绘快速表现效果图的方式表达出来，再经过多次的试制、研发，进行外观造型、整体功能等多方面的改良，最终确定灯具的设计方案。本章将通过3款不同风格的灯具设计案例来阐述整个设计流程。让学生掌握设计灯具的基本过程，重点学习灯具的造型方法、结构分析；灯具的配件是如何相互连接的，以及灯具所采用材料与加工过程；造型设计和光源是如何组成的，让学生明白如何将设计作品变为现实的灯具产品。最后使灯具产品在市场上得以展示，从而体现设计者的自我价值，成为一名能够被企业所接受的实用型设计人才。

教学重点

　　灯具产品化设计实例解析。

教学要求

知识要点	能力要求	相关知识	权重	自测分数
灯具创意设计	具有创造性的艺术设计思维，把一些艺术语言运用到灯具设计造型与功能上	设计美学，灯具设计要素，灯具设计方法，灯具系列化设计方法	15%	
灯具创意设计手段	具有一定的三维空间思维能力，以及绘画基础和计算机操作能力	运用二维产品快速表现技法绘制草图，运用3ds Max、Rhinoceros等三维软件绘制灯具设计作品的效果图，运用Auto CAD绘制工程图	20%	

知识要点	能力要求	相关知识	权重	自测分数
灯具设计实例解析	对灯具材料与生产企业有一定的了解，能够到相关配件厂家采购或定做打样灯具产品	草图方案的绘制，计算机效果图与工程图方案确认，列出灯具产品解析清单，进行分类并到相关企业制作生产，新开模具的配件要到现场指导，并要求尽量少改动原设计方案。进行组装测试与改良灯具产品，最后得到合格的样品	30%	
灯具结构剖析	对制作灯具的材料有一定的了解，对市场上的常规灯具产品结构熟悉	配件之间的互相连接，光电的组合方案，各种不同种类灯具组装的结构及灯具之间的差异。如何运用综合材料组合灯具	15%	
确定工艺方案	熟悉企业生产线的工艺流程	冲压工艺，铸造工艺，车削工艺，压铸工艺，五金熔炼，玻璃工艺，电镀工艺，喷涂烤漆工艺等	10%	
灯具产品打样	有组装、安装灯具的能力	有电工基础，对组装灯具熟练，熟悉产品的加工及安装流程	5%	
灯具产品展示	有展示设计能力和企划能力	展示设计，企业VI策划	5%	

通常人们认为灯具设计只是在纸上画画创意而已，其实并非如此。灯具设计师不但要有好的创意设计，还要具备熟练的表现技能。手绘和计算机辅助设计是灯具设计师必备的设计表现手段，效果图是面对客户洽谈设计方案的视觉作品；工艺工程图是给生产厂家生产线上的指导性文件，一套完整的设计方案必须含有效果图与工艺工程图。设计师必须能够熟练地将灯具组装成样品，对样品进行再次改良设计最后完成设计作品，并推向市场。

3.1　灯具创意设计

灯具产品的生命周期理论告诉我们，企业得以生存和成长的关键在于其不断地创造新产品和改良旧产品。创新是企业永葆青春的唯一途径，从短期来看，新产品的开发和研制是一项耗费资金的活动，但从长期来看，新产品的推出和企业的总销售量及利润的增加成正比关系。因此，新产品的开发是一项必不可少的投资。

设计的思维可分为抽象思维和形象思维两种类型。它们有着各自不同的思维形式结构。抽象思维以概念为思维细胞，通过判断、推理等形式来认识世界、表达思想、证明真理；形象思维以意象为基本形式，通过想象来描述形象，把头脑中的意象外化为可感的、别人能接受和理解的具体形象。所以在创新之前要先考虑以下几个问题。

（1）哪些是已存在的的或是已经解决的创新设计理念？如果存在或已经解决，能否适合灯具设计的此种要求？

（2）哪些新的创新设计概念能满足已建立的灯具产品的需求与规格？

（3）哪种创新设计方法可以用来辅助我们完成概念设计的过程？

灯具的创新设计是产品技术、工作原理和形式方法的一种描述方式，简单的书面文字描述和粗略的三维模型效果就可以初步满足客户的基本需求。概念的创新设计成本很低，而且过程非常快，常常是灵感的迸发，如图3.1所示。但是一个好的创意设计可能在后续开发阶段失败，因此一个不好的创意设计根本不可能获取商业价值。

图3.1　概念的创新设计灯具

3.1.1　设计美学

设计艺术中的形式问题也就是美学问题，而设计的形式对于设计艺术而言具有本质意义。设计是一门独立的艺术学科，它的研究内容和服务对象有别于传统的艺术门类，因此，设计美学也有别于传统的绘画和装饰，其研究内容自然也不能完全生搬硬套传统的美学理论。设计是一门综合性极强的学科，它涉及社会、文化、经济、市场和科技等诸多方面的因素，其审美标准也随着诸多因素的变化而变化，如图3.2所示。

图3.2　具有美学及装饰功能的灯具

3.1.2　灯具设计要素

点、线、面、体、色彩的运用都是构成灯具设计的要素，如图3.3所示。另外，灯具的功能包括结构、色彩、环境、材料等要素，这也是灯具设计师必须掌握的设计要素。

图3.3　由点、线、面基本元素组成的灯具

1. 灯具设计的功能要素

灯具的功能只有在使用的过程中才能体现出它的价值，设计师的设计目的就是要设计出具有特定功能的灯具。功能是灯具存在价值的判断依据，人们购买一盏灯具，不是需要灯这个实体，而是需要这个实体所具有的功能。无论一盏灯具的实体制作得多么精致巧妙，但是一旦失去了它的功能性，那么这个灯具本身就失去了存在的意义。反过来，只要设计师明白这个设计所要达到的功能要求，在进行设计的时候就可以用创造性思维创造出各种不同形态的灯具实体。灯具功能体现着灯与人之间的关系，人们通过使用灯具的各种功能来感受人与自然、人与社会、人与外界环境的互相协调。

根据人们对灯具不同层次的需求，可将灯具的功能分为：认知功能、审美功能和使用功能，这三种功能构成一个功能系统。

（1）认知功能。灯具将本身的形态、结构、材料、光源、色彩和用途作为一种语言符号，向消费者提供认知信息，告诉消费者这盏灯具是什么，具备什么样的功能，应该如何去使用它。灯具的形式具有严格的规定，它不是随意的，是在一系列外部条件的制约下形成的。另外，灯具还会附着更多的象征意义。例如，灯具的材料、尺度、装饰、特色和档次可以象征消费者的性别、年龄、民族、社会身份、社会地位、财富象征等角色差别；还可以表达某种礼仪、个性爱好、文化修养等，如图3.4所示。

图3.4 较高档次的装饰性灯具

(2) 审美功能。一盏灯具设计得是否美观，与设计师对美感的追求程度有很大的关系。设计师是按照美的规律来设计灯具的，并且灯具必须通过它形式的外在，来唤起消费者的审美感受，从而满足消费者的审美需求。在灯具设计的过程中，为了使灯具的审美功能发挥到最佳的程度，设计师需不断调整灯具的外观形态。成功的灯具设计，其外在形态就可以完美地表达出内在功能，使消费者对产品功能的满足与对产品外在形态的满意完美地融合在一起。随着社会的不断发展和人们对美的不断追求，灯具设计表现得越来越丰富。如今，灯具设计既要与自身的功能协调一致，也要融合到社会的艺术潮流之中，同时还要与社会其他美的事物融洽协调。任何灯具都存在认知功能、审美功能和使用功能。但对不同灯具，三者所占的比例是不一样的，因此在进行具体的灯具设计时，首先对灯具未来的社会定位进行调查和研究是很重要的，如图3.5所示。

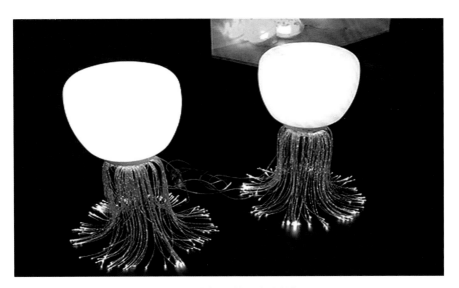

图3.5 具有较强装饰功能的灯具

图3.6　使用功能性强的灯具

（3）使用功能。使用功能是灯具最基本的功能，指灯具与消费直接接触，进行物质或能量交换，满足消费者的使用需求。使用功能的基本要求，是建立使用者与灯具本身之间的相互协调关系，使灯具与使用者的身心取得最佳匹配。一盏灯具应具备形状、尺寸、材料、色彩和光源等，才能体现出最佳的使用功能，也是设计师所追求的目标。人机工程学，便是以科学理性分析和检测作为手段，对人与环境的各种接触和刺激所产生的反应进行系统分析研究，得出一系列基本数据，从而作为进行灯具设计时所考虑的参数和依据。它能使灯具体现完美合理的使用功能，如图3.6所示。

2. 灯具设计的结构要素

一盏形态美观的灯具，是由内部的合理结构作为支撑。结构是灯具内部各要素的联系基础，是灯具功能的承担者，同时也是灯具形态的承担者。

一般来讲，灯具结构可分为内部结构、核心结构和空间结构。

（1）内部结构。它是指通过材料特性和形态来体现灯具的整体结构。灯具的内部结构与外部形态之间存在着一种相互包容的关系。内部结构是外观形态存在的基础，外观形态是内部结构的外在体现。构成灯具的物质是灯具的各种材料，如不锈钢、亚克力、玻璃和水晶等，而使这些材料维持一定形态的是结构。由于要达到安全与坚固的目的，所以每种结构都必须使构件按一定的规律组成，如图3.7和图3.8所示。

图3.7　灯具内部结构

图3.8　灯具的其他构件

（2）核心结构。它是指按某种技术原理形成的具有核心功能的灯具结构。核心结构往往涉及复杂的技术问题。如光电源问题，不同的问题分属不同的领域和系统。通常技术性很强的核心结构要进行专业化的生产，灯具设计就是依据其所具有的核心功能进行外部结构设计，使其达到一定性能，形成完整的灯具，如图3.9所示。

图3.9　灯具核心结构样品

（3）空间结构。它是指灯具与周围环境的相互联系、相互作用的关系，相对于灯具实际空间结构来说它是虚的空间结构，但它也是灯具结构的一部分。对于灯具而言，功能不仅仅在于灯具的实体结构，也在于其空间结构本身，而实体结构不过是形成空间结构的手段而已，它们都属于灯具的结构形式，如图3.10所示。

图3.10　空间结构设计合理的灯具

3. 灯具设计的形态要素

点、线、面合为一体构成灯具的形态；它是灯具的重要组成部分，也是实现灯具功能的基础。没有形态，灯具的功能也就无法实现。与感觉、构成、材质、色彩、结构、空间和功能等密切相联系的"形"是灯具的物质形体，灯具造型指灯具的外形；"态"则指灯具的外观情况和神态，也可理解为灯具外观的表情因素。在物质文明高度发达的当今社会，消费者对灯具的要求已经不仅仅停留实用层面，除了实用以外，消费者还追求灯具丰富的文化内涵、时尚的审美情趣和强烈的时代特征等。灯具形态作为传递灯具信息的第一要素，它能使灯具内在的组织、结构和内涵等因素转化为外在因素，并通过视觉形式传达出来，让人产生生理和心理反应，如图3.11所示。

设计师通常利用特有的造型语言，如形体的分割与组合，加与减、聚与散、材料的选择与开发，以及构造的创新与利用等进行灯具的形态设计，利用灯具特有的形态向外界传递出设计师的设计理念。消费者在选购灯具时，也是要通过灯具形态所传达出的信息内容来进行判断，衡量其与内心所希望的灯具是否一致，并最终做出是否购买的意向。因此，一盏灯具只有迎合了当代消费者的价值观念和审美情趣，才能被人们所接受。特别是在当今社会物质、市场商品极大丰富的情况下，一盏缺乏现代审美意识和文化内涵的灯具，在市场上是没有竞争优势的。当灯具的质量相差无几时，灯具的形态则在市场销售中成为关键的竞争因素之一，如图3.12所示。

图3.11　水母造型灯具

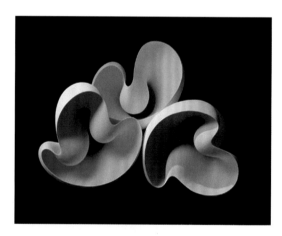

图3.12　特殊结构造型灯具

对于设计师而言，其设计思想最终将以实体形式呈现，即通过创意视觉化。用草图、效果图、工程图、结构模型及灯具实物形式加以表现，以达到其再现设计意图的目的。因此，从一定意义上来说，灯具设计是作为艺术造型设计而存在和被感知的一种"形式赋予"的活动。形的建构是美的建构，而灯具形态设计又受到结构、电光源、材料和生产条件等多方面的限制，当代灯具设计师只有在更高层次上对科学技术和艺术进行整合，才能创造出多样化的灯具创新方案。设计师通常利用特有的造型语言进行灯具形态设计，并借助灯具的特定形态向外界传达自己的思想与理念。设计师只有准确地把握形态的关系，才能求得情感上的认同，如图3.13所示。

图3.13　陶瓷灯具作品(伍斌)

4. 灯具设计的色彩要素

如何为一盏灯具选择合适的颜色呢？色彩配置在灯具设计过程中是非常重要的一个环节，不能依设计师个人的主观爱好来决定，色彩的选配要与灯具本身的功能、使用范围和环境相协调。不同的灯具都有自身的特点和功效，对色彩的要求也就不同。所以在色彩的应用上应遵循简单、和谐、醒目的原则。在满足灯具功能的同时，突出形态的美感，使人产生过目不忘的艺术效果。

灯具的色彩指灯具外观所呈现的色彩，包括金属、玻璃、水晶等材料的固有颜色和材质，如金属电镀色、玻璃透明感及水晶的折射光效等。灯具的色彩配置指构成灯具外观色彩效果的染料、涂料等。着色材料的配置计划包括如塑料原料及玻璃原料中掺入着色染料、陶瓷的釉料、金属镀色和染色等。灯具色彩配置计划的决定因素是多方面的，有功能方面、技术方面、传统方面和流行性方面等。针对每一盏具体的灯具，其色彩配置所要求的重点也有所不同，如图3.14所示。

图3.14　色彩感较强的灯具

色彩功能指色彩对人视觉、心理、生理的作用及信息传达的功能。它与灯具的功能不是矛盾的，而是融入灯具的形态、结构之中，起协同作用。如果处理得好，色彩能使灯具的形态、结构各方面都提高到新的层次，有助于完善灯具的功能。

灯具色彩设计主要遵从以下几点原则。

(1) 决策性原则。所谓灯具决策，它包含灯具属性、品牌策略和包装策略等方面内容，它决定了灯具的基本属性和商业价值，进而决定了灯具的形态、色彩、包装、宣传和价格等，是不能随意改变的基本策略。因此，在运用色彩时，要从全局出发，不能只重视色彩设计而忽略了与灯具其他方面的配合。要以灯具开发的决策为导向，结合其他方面进行考虑，以达到最佳的综合效果，如图3.15所示。

图3.15　综合感较强的灯具

(2) 功能性原则。每种灯具都有其自身的功能特点，灯具的功能是灯具存在的前提，在选择灯具色调时，首先应满足灯具的功能要求，使色彩与功能协调统一，以利于灯具功能的发挥。如果色彩选择得不合适，就会妨碍灯具功能的发挥，如图3.16所示。

图3.16　林冰珊的设计作品

(3) 审美原则。除了要考虑色彩的运用外，还要考虑调和、均衡、比例、分割和韵律等设计规律。功能和成本在具体的设计中也要考虑，灯具色彩的审美原则不仅追求单纯的形式美，更重要的是要与灯具的功能性、工艺性及环境和文化等结合起来。随着社会经济的发展，人们的审美观念也不断变化，灯具色彩设计要时刻紧跟设计流行因素，紧跟时代审美需求，达到最优的市场效果，如图3.17所示。

（4）经济性原则。灯具色彩设计的经济性原则是以最小的代价取得最满意的设计效果。这里的代价有两方面：一方面是指灯具色彩设计所涉及的经济成本；另一方面是指所付出的环境代价。这就要求设计师在进行灯具色彩设计时以运用绿色环保设计为原则，坚持以可持续发展为指导，以最小的环境代价取得最大的综合效益。

常用的灯具色彩设计手法有很多，如灯具采用木材这种材料，用优美的木质纹理作为天然的装饰手段，既保持了木材的天然本色，又节省生产成本，符合绿色环保的要求。又如某些部件根据功能和工艺的要求采用金属本色，就可以采取以纸制品代替金属制品，既显示了金属制品的个性和自然美，又丰富了色彩的变化，同时又兼顾到了其经济性，如图3.18所示。

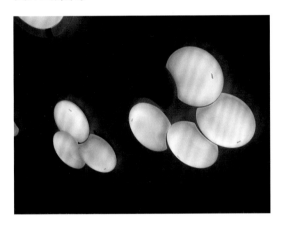
图3.17　调和、均衡的灯具设计

图3.18　成本低廉的灯具设计——纸质灯罩

（5）嗜好性原则。色彩的嗜好是人类的一种特定心理现象，不同国家、不同民族、不同地区，由于社会政治状况、风俗习惯、宗教信仰和文化教育等因素的不同以自然环境的影响，人们对色彩的爱好和禁忌有所不同。所以，设计师在选择和运用灯具上的色彩时，要充分尊重不同地区、不同人群对色彩的喜好特点，如图3.19所示。

（6）人、机、环境协调原则。人是灯具的使用者，人机关系首先体现在灯具的人机界面上；所谓人机界面，就是使用者与灯具进行信息交流的媒介，人机界面的色彩设计是否成功，直接关系到信息是否能及时有效地传达，关系到灯具功能的发挥。在不同的场合，色彩运用应该有所不同，在正式与非正式场合，灯具运用颜色会有很大差异。自然环境与人工环境、室内环境与室外环境、生产环境与生活环境的色彩差异性都需要充分考虑。在寒冷的季节应选用暖色系，以增强人们心理的温暖感；在炎热的季节应使用冷色系，使人的心理产生凉爽的感觉，如图3.20所示。

（7）人性化原则。灯具色彩设计始终要把人的因素放在首位，把人性化原则贯穿设计的始终。从生理、心理和人机关系等各个方面着手，体现出对人在使用灯具过程中的全方位的关怀和爱心，使灯具色彩设计体现出人性化，如图3.21所示。

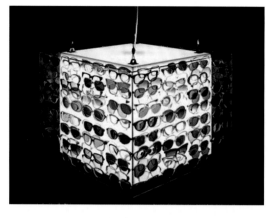

图3.19　多重色彩设计类灯具

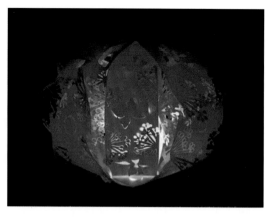

图3.20　暖色系灯具

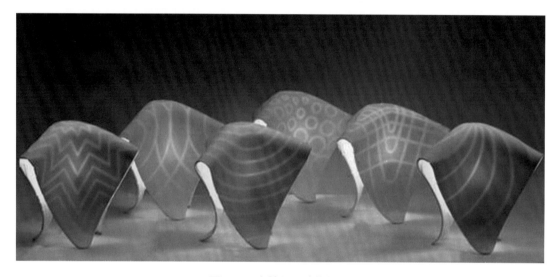

图3.21　人性化设计的灯具

5. 灯具设计的材料要素

灯具设计所涉及的材料是十分广泛的，有天然材料和人工材料、单一材料和复合材料等。材料的不同，必然带来设计的不同，新的材料会产生新的设计，新的造型形式会给人带来新的感受。由于不同材料有不同的性质和使用范围，所以材料的选用也将直接影响到灯具的功能、形态、耐久性、安全性等。所以在灯具设计中材料的选择是十分重要的。

材料的选择一般遵循如下原则。

(1) 材料的性能应满足灯具功能的需要。

(2) 材料应有良好的工艺性能，符合加工成型和表面处理的要求，与现有的加工设备与工艺技术相适应。

(3) 选用资源丰富、价格低廉的材料。

(4) 尽量选用对环境和自然资源无破坏的环保材料，如图3.22所示。

在以消费者为导向的市场经济条件下，企业越来越重视通过提高灯具的附加值来赢得市场。灯具的附加值是指灯具的性能、材料和感性三者的统一，其体现在灯具的心理价值、设计价值和信息价值上。通过对各种设计材料的运用，不仅可以建立起灯具的个性，更可以作为一种设计战略，对企业形象起到提升的作用。

当越来越多的企业开始通过设计战略来竞争市场的时候，对材料、形态和色彩这些构成灯具的重要因素的研究，也受到了重视并被赋予了新的理解。

任何设计都需通过材料来创造，设计在很大程度上取决于材料的固有特性。材料本身具有极为复杂的特性，在设计时，设计师必须了解和掌握材料的特性，并从材料本身开发出新产品所需的结构和形式，使材料特性得到最大的发挥，如图3.23所示。

图3.22　天然树叶经加工后制作的灯具

图3.23　造型结构类似衣架的灯具

6. 灯具设计的环境要素

灯具设计应重视灯具生命周期的全过程，即设计应考虑从原料采集直至灯具废弃后的全过程。在过去，企业通常只是考虑灯具的开发、设计、制造和销售这些过程。对灯具在使用与废弃过程中对使用者健康产生的不利、对环境造成的污染却没有重视。而现在在灯具设计开发的初级阶段应进行多方面、多角度综合考虑，如环境、功能、成本和美学等的设计准则。

传统的灯具设计往往只注重企业的利润和生产效率，很少考虑灯具报废后、使用过程中对环境的污染，忽视整个灯具生命周期对人类居住环境的负面效应，因此传统的灯具设计过程是一个循环过程；而绿色设计则是将灯具整个寿命周期延伸到使用、报废回收和再利用阶段，整个过程是一个循环系统。

(1) 材料选择。在灯具的绿色设计中，应该选择可再生、可回收、低能耗，以及对环境污染小、兼容性好的材料及零部件，避免选用有毒害和辐射特性的材料。所用材料应易于再利用、回收或易于降解，以提高资源利用率，从而实现可持续发展。另外，还要尽量减少使用材料的种类，以便减少灯具废弃后的回收成本，如图3.24所示。

图3.24　木质材料灯具

(2) 可回收性设计。在灯具设计时要充分考虑到灯具报废后回收和再利用的问题。一方面是零部件要便于拆卸和分离；另一方面是可重复利用的零件和材料在所设计的灯具中要得到充分的重视。资源回收和再利用是回收设计的主要目标，其途径一般有两种：原材料的再循环和零部件的再利用，如图3.25和图3.26所示。

图3.25　纸质灯具

图3.26　木质灯具

（3）装配与拆卸性设计。设计师在满足功能和使用要求的前提下，为了降低灯具的装配和拆卸成本，要尽可能采用最简单的结构和外形。组成灯具的零部件材料种类也要尽可能的少，并且采用易于拆卸的联结方式，拆卸部位的紧固件数量要尽量少，如图3.27所示。

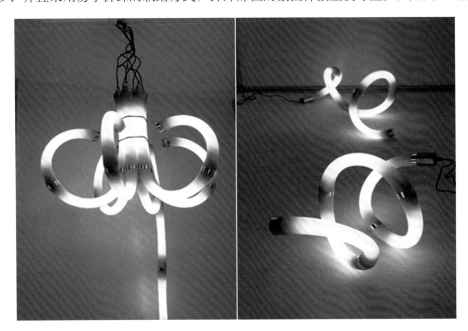

图3.27　可拆卸、可重新组合的灯具

（4）包装设计。灯具的绿色包装，在用料上有以下几个原则：在满足保护、方便、销售、提供信息的功能条件下，使用的材料应是最经济的；尽量采用可回收或易于降解，且对人体无毒害的包装材料。例如，纸包装易于回收和再利用，在大自然中也易于分解，不会污染环境，因而从总体上看，纸包装是一种对环境无污染的包装，也可回收利用和再循环。采用可回收、可重复使用和可循环使用的包装，可以提高包装的生命周期，从而减少包装废弃物，如图3.28所示。

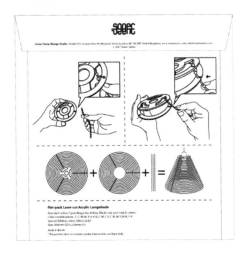

图3.28　灯具包装的方法——纸质包装

3.1.3 灯具设计方法

1. 灯具设计的创意方法

创意方法的存在是为了提高效率、减少浪费，以达到解决问题的目的。因不同的背景因素，在面对同样的设计问题时，也有可能运用不同的设计方法来解决，那么，一般将解决设计问题的方法，称之为设计方法。设计方法往往由许多的设计步骤或阶段构成，这些步骤或阶段的总称，叫做设计程序。设计程序是设计方法的架构，是针对首要的设计问题而拟出的设计步骤，而每一个步骤的设立，必然是针对主要的设计问题。因此，设计程序中的每个阶段，都有可能存在不止一种方法，因为设计程序里的每个阶段，都存在着不同的设计问题，也就需要不同的方法来解决，如图3.29所示。

创造力是一种连续的步骤。不同的人，只要是正常，就必定存在创造力，只是不同的人创造力的强弱有所差别。创造力和智力一样，虽然有一定的先天因素，但创造力主要是后天形成的，就跟肌肉需要锻炼一样，创造力的增强也要靠不断地训练和开发。对于如何提高创造力，美国的布朗尼科大斯基认为遵循如下七个步骤是有益的：第一步，树立创造的自信心，从探讨一个问题开始就要确信自己一定能用某种方法解决它，不要让自我怀疑遏制自己的想象力；第二步，打开想象力的大门，做个好奇和好问的人，凡事多问"为什么？"寻找意外的相似性和不寻常的解决方法；第三步，持之以恒，所谓"持之以恒"是指即使新的想法很少也不要灰心，而要有韧性地为找到答案而不断地努力；第四步，保持虚心，虚心能使人接纳来自各方面的思想，不管它是权威专家的思想，还是普通人的启发；第五步，把评判暂时搁置起来，即使产生"好的主意"，也不要马上做出"是"、"否"、"对"、"错"、"行"、"不行"的判断和评价，这在解决问题的开始阶段显得尤为重要；第六步，确定问题的范围，排列问题"清单"，这样做可以使创造力更加集中；第七步，发挥下意识，就是要使工作有张有弛，在紧张之后适当使精神放松，有利于下意识闪现思想的火花，这往往是开启创造之门的前奏。上述七个步骤不必机械地按顺序进行，如果在处理某一个问题时能自觉地体现这些步骤，将有利于创造性地解决问题，通过体现以上设计步骤设计出来的简洁灯具设计作品如图3.30所示。

图3.29　灯罩的创新设计

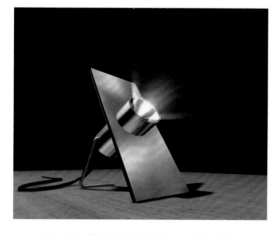

图3.30　简洁的灯具设计——结构简单

(1) 发散思维法。针对所给信息而产生的问题，寻求该问题尽量多的各种各样的解决方法，这种思维过程，称为发散思维，或辐散思维、求异思维。对创造性思维而言，运用发散思维，做出非正常性联想、似与好似和无关与有关，引发出新思路是非常重要的。

发散思维主要用在寻求提出问题的各种不同答案的过程中。然而，当许多不同的可能性答案提出之后，从一种选优问题，过渡到收敛思维。因此，发散思维和收敛思维在实际设计中是相辅相成的，如图3.31所示。

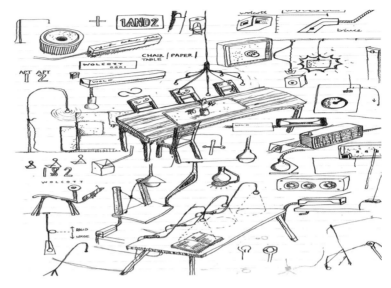

图3.31　发散思维的手绘效果图

(2) 缺点列举法。缺点列举法是创造学的一种方法。该法与希望点列举法一样，也是在特征列举法的基础上发展起来的。所不同的是缺点列举法着眼于从事物本质上的缺点进行分析，以寻求解决目标。它的理论基础是：认为改进旧事物主要就是改进旧事物的缺点，列举旧事物的缺点，即可发现存在的问题，找到解决的方法。由于该方法主要围绕旧事物的缺点做文章，所以它一般不触动原事物的本质和整体，属于被动型思维方法，很难创作出新的作品。利用该法列举事物的缺点时，也与特征列举法一样，要从叙述事物的名词、形容词和动词的特征三个方面来分析。该法在一般程序上的进行方式与希望点列举法相同，如图3.32所示。

(3) 智力激励法。智力激励法是创造学中的一种重要方法。其形式是一组人员针对某一特定问题各抒己见、互相启发和自由讨论，从多角度寻求解决问题的方法。智力激励法又称为头脑风暴法。该方法的理论基础为：①联想反应。在集体讨论问题时，每提出一个新观念，都能引起他人的联想，产生连锁反应，形成联想反应的热情感染。在不受任何限制

图3.32　同一盏灯的不同变化

的情况下集体讨论问题能激发人的热情、互相感染、竞相发言，形成热潮，提出更多的新观念；②竞争意识。在有竞争意识的情况下，人的心理活动效率可增加50%或者更多；③自由欲望。不受约束的讨论使个人的自由欲望得到满足，活跃人的思维，促使新观念脱颖而出。该法以小组形式进行，应分别建立两个小组：观念组(设想组)和专家组(评价组)。观念组组员最好有丰富的抽象能力和幻想能力，由不同职业、不同文化水平和无隶属关系的人组成。专家组应由有分析和评价能力的人组成。各组人数以6~10人为佳，分两组活动，具体如下：①观念组就问题展开讨论，然后专家组对提出的各种观念进行分析、评价和判断。召开智力激励会必须遵守推迟判断原则，以免扼杀新观念的产生。②鼓励"自由联想"。允许提出看起来荒唐可笑的观点，因为其中很可能产生具有极大价值的新思想，以量求质。提出的新观念越多，解决问题的可能性也就越大。③欢迎借题发挥。与会者可以把他人的观念加以综合，然后提出自己的观念，也可以发挥或改造他人的观念。上述几项基本原则中，推迟判断原则和以量求质原则尤为重要，如图3.33所示。

图3.33 灯具设计的小组讨论

(4) 形象思维法。形象思维是用表象来进行分析、综合、抽象和概括的一种思维形式。它的特点是不以实际操作、抽象要领为思维中信息的载体，而主要是以直观的知觉形象、记忆的表象或想象的表象为载体来进行思维加工、变换、组合或表达。因此，它是一种与动作思维和逻辑思维不同的相对独立的特殊思维形式，如图3.34所示。

(5) 系统综合分析法。系统综合分析法的特点是：先综合，后分析。该法基本过程包括4个阶段：①列出相关某个课题的各种因素、知识和信息。②将这些已知知识和信息编组，形成各种方案。③对各种方案进行评价。④根据评价结果

图3.34 类似蘑菇的灯具设计

选择一个最理想的方案。上述进程中前两个阶段是系统综合，后两个阶段是系统分析。然后把这些因素机械地加以多种编组(组合)，形成制作的各种可能方案。最后对这些方案进行评价，从中优选一两个方案。在分析阶段，评价是个复杂问题，不同的课题要有不同的评价标准。评价一般采用计分方式，就是要根据市场情况、成本、研制的难易程度、销售方式、制造技术、工艺和设备等标准进行评分，最后得出各种方案的综合评分，形成联合的表格，从中优选理想方案，如图3.35所示。

图3.35　对灯具设计的综合分析现场

设计不仅在产品开发方面具有决定性的作用，还在产品结构和产业结构的调整，在企业和产业的改造，进而在新兴产业的诞生中起着独特的、不可替代的作用。设计还可以在生态设计中发挥先导作用。在中国这样的人口大国中，合理的消费模式和适度的消费规模，能使人们赖以生存的环境得到保护和改善，但很多事实表明，低效高耗的生产和不合理的生活消费，极大地破坏了现有的生态环境。

设计师应当在设计中引进社会学、生态学和人类文化学的概念，并通过研究生活形态学，进行生活设计，以提高消费的社会经济效果。保护地球，重新规划人类的生活，是设计师的历史责任。此外，设计在企业的资产增值，提高企业竞争力和经济效益方面发挥着巨大的推动作用，如图3.36所示。

图3.36　注重环保的纸质灯具设计

2. 照明设计的一般流程

从照明创意、灯光策划、灯具选型、智能光控、预算招标、施工方案、现场监理到最后效果调试，要提供一体化解决方案。要与客户、建筑师、室内设计师、景观设计师、电气工程师、灯具商家和照明工程商家保持紧密合作，形成最好的创意并落实于每个细节。

1) 照明创意

概念设计阶段主要对照明结果及照明方式进行预测性分析，形成一个描述将来要实现的照明效果或结果的指导性文件。该阶段一般不涉及方案的具体实现方法。为每项工程分析其独特之处，首先，与客户及其设计顾问(如建筑师、室内设计师、庭院建筑师等)会面讨论。其次，详细研究其设计需求，寻求一套整体性及创新的灯光设计概念。融合建筑及室内设计的神韵，达到最美的效果。灯光设计更注重于详细设计，如安装、维修及强调突出能源的善用。整个初步设计概念通常以手绘图或计算机模拟的方式展示给客户及其他设计顾问作为参考及研究，如图3.37所示。

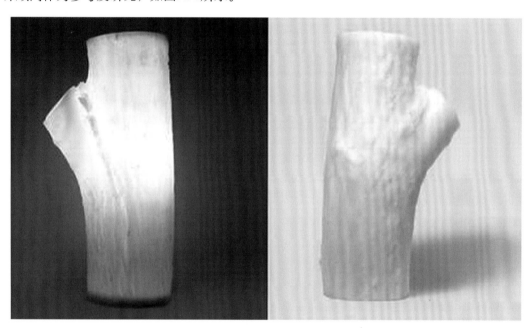

图3.37　类似树木的灯具设计

2) 灯光策划

初步灯光设计是配合建筑及室内天花板设计而制作的，不同类型及载荷的灯具都会在灯光图上列出。灯具位置的分布定位与建筑及机电的设施配合。初步灯具价格预算也会在初步灯光设计介绍时提供给客户作为参考。初步灯光设计在满足客户的需求及迎合建筑和室内的设计后才会确定方案。在最后确定方案时，附加资料，如灯具种类、载荷、灯具位置的距离、尺寸、回路、应急灯具及调控器位置均应出现在最后的灯光设计图上。如图3.38为灯泡的安装方法范例。

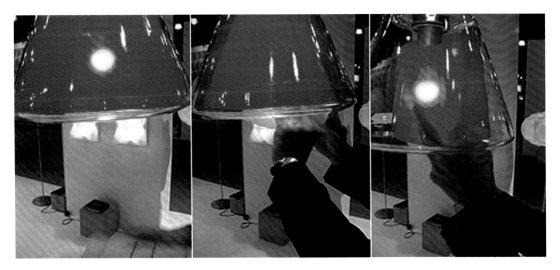

图3.38　灯泡的安装方法范例

3）灯具选型

初步设计审定后，提供详细的灯具布置、选型说明、照明控制回路、大样详图及最终的照明分析报告、照明器具招标技术要求。搜集世界各地灯具商的目录，并且要对最新产品了如指掌。灯具选择并不是只注重其效果、质数及价格，还要考虑到项目在每个国家采购灯具的便利，以及当地的技术要求。厂家会提供大部分灯具目录和规格以便选择。灯具规格会包括每款灯具的简介、厂商编号、光源种类、瓦数、表质、安装位置、数量及生产商或供应商的联络资料，如图3.39所示。

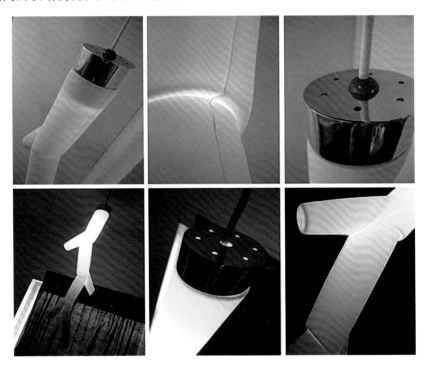

图3.39　某款灯具的造型细部

图3.40 智能光控墙的灯具设计

图3.41 施工方案的演示

4）智能光控

搜集和丰富调控系统目录，其中包括世界各地的调光系统。调控系统的选择会因个别项目的性质及需要而拟订。调控系统主要是连接中央自动化系统的开关回路，或是连接调光的调光回路。如有需要，光线调控或时间开关器均可配合调控系统使用。所有调控回路均会分区域列表，指定控制系统的种类、面板的种类，回路的数目、载荷、调光规格及生产商的联络电话号码，如图3.40所示。

5）预算招标

以上有关灯具和光控资料可装订成册，并附带预算参考以供招标或采购之用。

6）施工方案

当所需灯具不能在生产商目录内选到时，设计图纸上的详细设计说明和生产上的需要就会为生产商或承建商生产特别设计的灯具提供信息。如果灯具需要在特别制订的位置上及特别方法下安装，设计图纸上也要提供相应的说明。所有特别制造灯具的生产及安装，详细图纸会由生产商或承建商提供，并由照明顾问所核定，如图3.41所示。

3.2 灯具设计表达

灯具设计的一般表达方法及其应用方式，涵盖了手绘表达、计算机表现等多个方面。这些是一个专业设计师应该具备的基本条件。

3.2.1 灯具快速表现技法

作为一名灯具设计师，需要具备一系列的专业技能，包括开阔的国际视野，良好的团队精神、广博的知识体系和富有创造力的头脑；最重要的是要有扎实的徒手绘图能力。灯具快速表现技法是设计师进行设计交流的重要手段，是设计师思维的最直接、最自然、最便捷和最经济的表现方式。它可以在人的抽象思维和具象的表达之间进行实时的交互和反馈，培养设计师对形态的分析、理解和表现能力。

灯具快速表现技法这门课程要求对线条、透视、比例、造型和色彩进行训练。对灯具的形态把握、比例大小、材质灯光的体现都要在快速表现技法中绘制出来，如图3.42所示。

3.2.2　计算机辅助设计与制造

计算机辅助设计是利用辅助设计应用软件进行灯具的开发设计。常用的设计软件有三维造型软件Auto CAD、RHINO、3ds Max等，这些软件可以帮助设计师负担计算、信息存储和制图等工作。在设计中通常要用计算机对不同方案进行大量的计算、分析和比较，以选择最优方案；各种设计信息，不论是数字的、文字的或图形的，都能在计算机中完成，并能快速地检索；设计师通常要用设计创意草图进行设计，然后把设计创意草图变为工作图的繁重工作交给计算机完成；计算机自动产生的设计结果可以快速地以图形形式显示出来，设计师能够及时地对设计做出判断和修改；利用计算机可以进行图形的编辑、放大、缩小、平移和旋转等有关的图形数据的加工工作；利用计算机还能进行方案的三维实体建模和后期的效果渲染。计算机辅助设计，减轻了设计师的劳动，缩短了设计周期和生产制造周期，保障了设计的原创性和质量，如图3.43所示为计算机辅助设计的灯具。

图3.42　灯具的手绘效果图

图3.43　计算机辅助设计的灯具

实体造型系统通常只提供构造几何形体的通用特征，一般不能为造型提供各种特征语言。在定义特征的同时，还需要定义用于定义特征尺寸的参数。从这点看，特征是参数化的几何形体。通过改变特征的尺寸就可以用有限的特征构建出各种几何形体。因此，特征造型是参数化造型的一个特例，是几何造型的一个重要领域。

1．平面表现

可以使用Corel DRAW、Illustrator、Freehand、Painter、Photoshop等二维绘图软件绘制平面效果图；另外，也可以使用Auto CAD进行二维工程图的制图，以类似传统的平面绘画形式进行绘图，并在二维形态输出图纸后，模型师根据三视图和想象模拟效果图进行模型的制作，如图3.44所示为灯具的平面表现图。

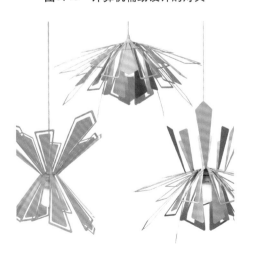

图3.44　灯具的平面表现图

图3.45 灯具三维效果的表现

2．立体表现

可以通过Auto CAD三维建模、Rhino、3ds Max、Pro/E、Alias、UG、SoildWorks、Maya、SoftImage等将灯具的立体效果表现出来。并通过运用三维立体建模、场景灯光、材质编辑和渲染等方式将灯具的三维状态比较直观地表现出来，最后到图纸输出。并且三维数据还可以直接输出到加工中心进行模型制作，如图3.45所示。

3．动态表现

可以运用3ds Max、Pro/E、Alias、Maya、SoftImage等三维立体软件，进行建模、场景灯光、材质编辑、渲染和动画、交互互动界面等四维状态，逐渐向人机互动发展三维动画、虚拟现实。

三维建模后的产品，设计人员还可将产品数字模型的信息传送到数控机器上，由其直接加工成1∶1的真实零件。以便进行进一步验证设计方案，如图3.46所示。

图3.46 灯具的动态变现

计算机三维模型比单纯的平面制图能记录更多的信息，如它能显示出部件如何装配在一起，两个组成部分之间是否冲突，并能解答成本和重量等问题。另一个优势是在像汽车一样复杂的物体中，每个部件的设计模型，都记录了各种层次的细节信息。换句话说，存储在计算机中的信息，其形式可以根据每个特殊的设计和工程任务的数据要求进行变换。集中的数据库以数字的方式储存设计方案，能够帮助提供更多工程和设计的细节，也可用于操作手册以及产品后面的升级换代。

计算机使设计师在工作中的交流与合作大大增强，通过计算机网络端口远程技术的支持，设计师之间、设计师与其他专家或客户之间的沟通不再受时间、地域的限制，这使得传统设计室的局限将被打破，真正意义上的"无墙设计室"得以建立。

计算机可提供众多的设计结果供设计师选择，它会成倍地提高设计师的工作效率，但做设计的仍是设计师而不是计算机。计算机仅作为一种工具，不处于支配地位也不驾驭一切，设计师必须承担设计的全部责任。

计算机辅助技术和手段用于产品设计，不但拓宽了计算机的应用领域，同时也对传统的设计观念和方法产生了很大的冲击。具体体现在产品设计上，可以概括为以下几个方面。

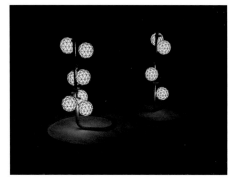

(1) 设计表现作品的展示向"无纸笔化"转变。计算机辅助产品设计，不需要各种各样的尺、规、笔和纸等传统工具，计算机的操作平台提供了用之不尽的空间，实施过程就是鼠标的点击与键盘的操作，复制、修改等，以前繁杂的工作瞬间即可完成，而且干净、简单和高效。数字化仪器与手写板的出现和普及，更使得设计在创意草图阶段也可以脱离纸笔手绘的传统模式，从而形成彻底的"无纸笔化"设计，如图3.47所示。

图3.47 计算机辅助设计的灯具

(2) 设计方案交流方便快捷。网络的发展拉近了人与人之间的距离，在计算机网络中，设计者与委托方，可以更加方便地交流设计观点，而且可以在任何地方第一时间与对方交流。另外，可以通过网上的资源共享，进行分工合作，如图3.48所示。

图3.48 网络灯具的资源收集

图3.49 三维建模的灯具设计作品(林界平)

图3.50 灯具结构的三维模拟图

5．设计仿真和设计检验

利用Auto CAD系统的三维图形功能，设计师可在计算机屏幕上模拟出所设计产品的外形状态，在设计之初就对产品进行优化，这样不但可使产品具有优越的品质、最低的消耗和最漂亮的外观，而且在新产品试投产前，就可以对其制造过程中的结构、加工、装配、装饰和动态特征做恰如其分的分析和检验。从而提高产品设计的一次成型率，如图3.51所示。

(3) 整体设计程序更具灵活性和高效性。产品的创意方案可以通过计算机的三维建模和渲染，快速实现产品的立体设计，并且在形体感觉、形态调整、色彩和肌理等方面进行随时的改变调整，这使得传统的效果图失去了原有的地位，如图3.49所示。在产品的设计中，更多的时间、精力可用在分析、评价和调整上，使传统的设计程序在侧重点上有了变化。同时，计算机的内容都是数字化的，文件复制没有任何损失，这样对同一设计，不仅其他人也可共享，而且设计任务也可分阶段、分人和分地点完成，从而提高了工作效率。

4．产品开发周期缩短、设计成果更为真实可靠

工作效率的提高使产品开发周期明显缩短，计算机辅助制造使样机的制作周期也大大缩短。计算机辅助设计的结果具有真实的立体效果和质量感，尤其是数字技术的迅速发展，使虚拟现实成为可能，计算机虚拟现实技术能使静止的设计结果成为虚拟的真实世界，人置身于产品模拟使用环境中，以检验产品各方面的性能。

计算机辅助产品设计中，产品的生产工艺过程也可以通过计算机模拟出来。由此可以极大地增强生产计划的科学性和可靠性，并能及时发现和纠正设计阶段不易察觉的错误，如图3.50为灯具结构的直观三维模拟图。

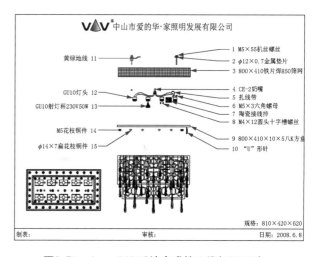

图3.51 Auto CAD系统完成的三维灯具设计一

6．设计与制造的紧密结合

Auto CAD的设计数据既可用于设计仿真CAE(计算机辅助工程)，也可以通过数据传输系统与数控加工设备结合，将设计数据直接用于产品零配件的加工，即CAM计算机辅助设计Auto CAD的引入可自动完成从设计到加工程序的转换，如图3.52所示。

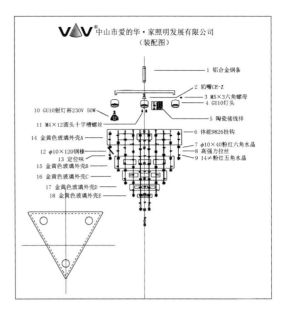

图3.52　Auto CAD系统完成的三维灯具设计二

3.2.3　灯具产品系统设计方法

系统的设计方法其实就是产品开发流程的一种思路，首先创造一套广泛的可替代的产品概念，然后缩小产品的可替代范围以提高产品的特殊性，直到该产品可以被生产系统可靠和重复地生产出来为止。尽管某些有形产品的生产流程和营销计划也包含在开发流程中。但应当注意，大多数开发阶段都是以产品状态定义的。作为一个企业或经营组织，若忽视了对新产品及其服务的不断引进，那么它将会失去生存的活力而走向衰竭，直至消亡。因此，一个企业要想继续生存和发展就不能没有新产品的引入。

开发流程大致可分为以下6个阶段。

1．规划阶段

规划阶段经常被作为"零阶段"是因为它先于项目的达成和实际产品开发过程的启动。这一阶段始于公司策略，并包括对技术开发和市场目标的评估。规划阶段的成果是对项目任务的陈述，即定义产品的目标市场、商业目标、关键假设和限制条件。

根据产品调查后形成具体方案，之后就要针对造型设计确定设计概念。所谓设计概念，即基于特定的产品使用对象或特定意义，将产品的使用方法、机构、形式和色彩等构思具体化。灯具设计概念的构想要参考市场调查和产品分析定位的立案过程。

2．概念开发阶段

概念开发阶段的主要任务是识别目标市场的需要，产生并评估可替代的产品概念，为进一步开发选择一个概念。概念是指产品形状、功能和特性的描述，通常附有一套专业名词、竞争产品分析和项目的经济分析。

必须站在为使用者服务的基点上，给人们带来使用上的最大便利和精神上美的享受，要认真贯彻"实用、经济、美观"的设计原则，从实际条件出发，避免主观片面性。在设计方法方面，要做多方案的探讨和比较。在开始构思时要力求多样化，尽量探索一切可能性，力求思路开阔，而切忌从最初的构思开始就只有一个办法。在众多的方案中经过比较、分析、淘汰、归纳，方案越来越少，越来越精，并综合和集中各方案的优点，最后才能发展成为成熟的好方案。

3. 系统设计阶段

系统设计阶段包括灯具结构的定义以及灯具系统和部件的划分。生产系统的最终装配计划也通常在此阶段定义。该阶段的产出通常是灯具的几何设计、每一款灯具子系统的功能专门化，以及最终装配过程的基本流程图。

灯具造型最主要的要素就是形状，形状是指一件灯具的空间造型，主要表现在灯具外观凹凸、起伏变化，形状受灯具的主要构造限制等，设计师应该巧妙地利用这些限制，优化造型。优良的形状设计，能使产品有效地使用，并给人以强烈的视觉感受。

4. 细节设计定案阶段

细节设计阶段包括灯具的所有非标准部件与从供应商处购买的标准部件的尺寸、材料和公差的完整细目，建立流程计划并为每一个即将在生产系统中制造的部件设计工具。该阶段的产出是灯具的控制文档，描述每一部件的几何形状和制造工具的图纸和计算机文件、购买部件的细目，以及灯具制造和装配的流程计划。

灯具造型设计也需充分考虑人体工程学的问题，造型优先的做法是本末倒置，需要做人体工程学研究的不仅仅是柄、罩、旋钮或操作显示等硬件部分，也应包括操作用语等软件的部分。除了操作性的问题外，即看"易懂"的问题。近年来，产生了许多搭载微型计算机的多功能、高性能的产品，计算机控制也可以在物理上解放人的操作，也具有多功能带来的便利。但是另一方面也使操作过程黑箱化，反而造成问题。

5. 测试和改进阶段

测试和改进阶段包括灯具的多个生产前版本的构建和评估。早期原型通常由生产指向型部件构成，即那些和灯具的生产版本有相同几何形状和材料内质，但又不必在生产的实际流程中制造的部件。对原型进行测试主要是看灯具是否如设计的那样工作，以及灯具是否能满足目标顾客的需要。后期原型通常由目标生产流程提供的部件构成，但不必用最终装配流程来装配。通常要对原型进行内部评估，消费者也会在他们自己的使用环境下对它进行典型测试。组装原型的目的通常是解决绩效和可靠性问题，从而识别最终灯具的必要变化。

6. 灯具推出阶段

在灯具推出阶段，使用规划生产系统制造灯具。在灯具正式推出之前，一般都会经历试用阶段。试用的目的是培训工人和解决在生产流程中遗留的问题。有时把在此阶段生产出的物品提供给有偏好的顾客并仔细对其进行评估，以便识别出一些遗留的缺陷。从灯具推出到连续生产的转变通常是逐渐进行的。在此转变的某些节点，灯具被推出并可以进行大范围的分配。

具体地说，负责基础技术研究和应用研究的研究所、负责商品开发的开发部门、生产技术开发部门及市场销售部门远远超越信息交流的范围，有时相互激励，有时则在共同合作体制下共同创造技术，共同开拓市场。只有三者产生共鸣，才能为开发创造性、革新性的灯具和市场而共同努力。

3.3　灯具结构设计

效果图仅仅是将产品的外观造型表现出来，但要将其变为灯具产品，还要进一步对灯具产品的结构进行剖析：灯具产品生产流程，从设计图纸到打样出产品的一系列过程，如图3.53所示。

图3.53　设计师的创意设计效果图

（1）效果图仅仅是产品表面的造型，而产品内的结构是如何组装而成的，这就要考虑灯具内部的特点。现将以上效果图的灯具的结构解析如下，如图3.54所示。

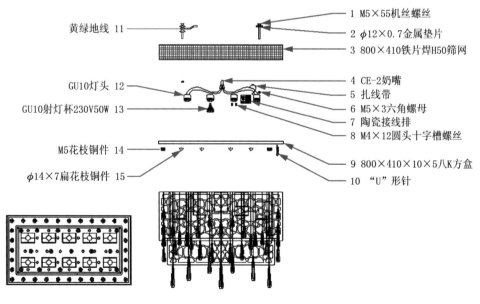

黄绿地线 11

1 M5×55机丝螺丝
2 φ12×0.7金属垫片
3 800×410铁片焊H50筛网

GU10灯头 12
GU10射灯杯230V50W 13

4 CE-2奶嘴
5 扎线带
6 M5×3六角螺母
7 陶瓷接线排
8 M4×12圆头十字槽螺丝

M5花枝铜件 14
φ14×7扁花枝铜件 15

9 800×410×10×5八K方盒
10 "U"形针

图3.54　灯具结构分析图

灯具产品结构分析是产品计划性文件的开端，它包括灯具产品的设计草图，以及图纸的制作设计过程等重要环节。在生产图中不能出现半点差错，要对图纸进行深度分析和设计；了解相关的制约作用。使产品结构设计的准确性，整套制作过程要环环相扣，这就要求灯具设计数据的精度要比较高。并要落实设计、开模时间，以及可行性结构的合理程度，而且要进行可行性的分析。争取早日实现产品合理化、品牌化投放市场是关键组成部分。灯具结构分析完成后，接着就要整理出此灯具的解析清单，如图3.55所示。

序号	物料编码	物料名称	物料规格	单位	数量	备注
1		沉头十字精螺钉 M5×55	牙长52 彩锌	个	16	
2		金属垫片 φ12×0.7	中孔 φ5.2白锌	个	16	
3		筛网盘 BZ10145/4	430×280×50 白漆侧闪光银 H50筛网焊 430×280 铁片 铁片、筛网料厚0.8	个	1	
4		奶嘴 CE-2	白色	个	4	
5		扎线带	3×80mm 白色	个	4	
6		六角螺母	M5×3 白锌	个	16	
7		陶瓷接线排	35×19×16 三孔 白色	个	1	
8		圆头十字精螺钉 M4×12	牙长9 镍 带裙边螺杆	个	8	
9		八K方盒OF10145/4	800×410×10×5 0.6料 不锈钢板	个	1	
10		"U"形针	0.8×L50 白锌 居中弯成U形	个	49	
11		伟能9826挂钩	"8"字形 镍	个	49	
12		带线耳黄绿地线	φ10 40cm	条	1	
13		GU10灯座连线	GU10灯座连接白色编织线，线长30cm	条	4	
14		射灯杯230V 50W	GU10 白光（广明源）凸盖	个	4	
15		花枝铜件	φ16×15 铬 M5×12内牙	个	4	
16		扁花枝铜件F10145	φ14×7 铬 M5×5内牙	个	8	
17		吸顶盘	810×420 不锈钢	个	1	
18		灯罩1	800×410×10 玻璃	个	1	
19		灯罩2	700×350×10 玻璃	个	1	
20		连接件	φ5×285 不锈钢	件	4	
21		水晶灯	60×86 水晶	个	10	
22		定位珠	1.5# 铬 薄料	个	98	
23		φ10.5水晶圈	铬 φ0.5钢丝线绕成φ10.5外径	个	98	
24		φ1.48钢丝吊绳	带皮 45m	条	1	
25		水晶		个	98	

图3.55 灯具解析清单

(2) 灯具配件图。配件图是不可再分配件的施工图。也是最详细的配件机械工程图。它要求画出配件的形状，注明尺寸，复杂的配件还要提出技术要求及注意事项，这些是作为作业员在加工时的技术依据。花纹复杂的还需配上样品或是数码彩色照片。

(3) 灯具效果图。灯具效果图是说明性图片，像照片一样让人一目了然。它要求尽可能准确地表现出产品的外观形状、材质和属性。而且透视关系要准确，尽量避免失真和变形，给人以产品照片的感觉。复杂的零部件要多角度的效果图。最好有六面图与透视图的效果图。

(4) 灯具拆装示意图。拆装示意图是表现产品内部关系的立体示意图，它是按组装的对应关系，将整装的各个配件分别移开一段距离，使其内部关系和装配关系一目了然，拆装示意图要求对所有配件进行编号，并在示意图上列出配件明细表。

（5）灯具 1:1 蓝图，适用于配件形状复杂，并具加工精度有一定要求的灯具配件。为了适应配件的加工需要，设计人员必须按实际的形状和大小画出比例一致的设计图纸，其包括正视图、俯视图和侧视图。此图主要是便于模具母模的雕塑，如图3.56所示。

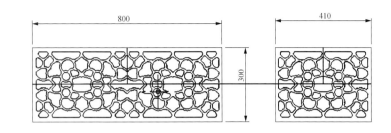

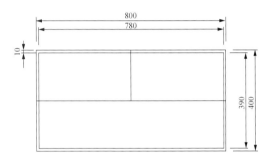

图3.56　灯具配件三视图

产品开发图纸要经过开发部门专人负责审定。制定制图时间、成本审核和开模时间，审定后可投入设计阶段。技术部门要召集相关的工程师会议进行讨论，研究产品图纸，进行修改与建议分析，工程师分工对产品图纸及零部件的结构进行合理化的设计；并按时完成标准化的图纸。

灯具设计图纸的审批工作是整个模具、图纸制作过程中的关键部分。包括产品模具制作过程的模具费用预算，交货时间的制订方案。对于可行性预防措施、图纸手板样的审核与确认，这些相关部门人员都有要认真的审核、核对，正确无误后，落实各方人员的岗位责任制，方可批准加工或发出加工通知。

产品材料的配置零部件的安装图，是零部件安装的重要指示示意图。在安装时，按照示意图进行安装零件；直到整套产品安装完毕且正确无误。技术部制作产品材料的配置零部件安装图时，一定要重视制图的准确和精确度。

给出生产工时，根据打样时的生产记录，统计出生产的"工时"，以便为制定计件单价的依据。特殊刀具的定做：凡是新刀具，都应由工艺部技术科画出图纸，交物控部门提前定做，以备批量生产的时候使用。

灯具产品开发管理各岗位人员职责：

灯具设计师负责新产品的设计和开发工作；灯具工程设计员负责根据客户确定的设计效果图进行施工工艺工程图的绘制；灯具打样组负责新产品、投标产品的打样工作。

灯具产品开发还应注意如下问题。

明确设计思想与本次设计的目的：效果图审核；完成图纸、料单；打样；评审；制订生产计划，准备刀具、模具；下单批量生产，评审程序。对于开发产品的评审，应成立"评审小组"，评审小组为临时组成的团队，应由工艺、品质、生产、物控、财务和销售各部门及公司高层领导组成。评审前应召开小组会议，并准备相关资料、表格。评审时应各抒己见、广泛讨论。然后，各位评审人员填写评审表交到评审组长处汇总，并给出评审结论，如决定哪些通过，哪些需要改进，哪些淘汰。如图3.57～图2.64所示为灯具产品的设计。

图3.57　最终灯具产品样品　陈思敏

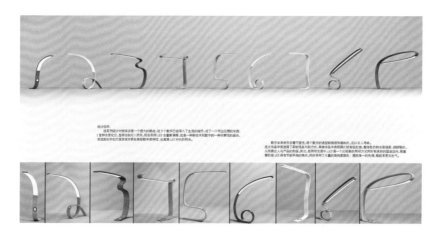

图3.58　"缤纷数字大派对"一

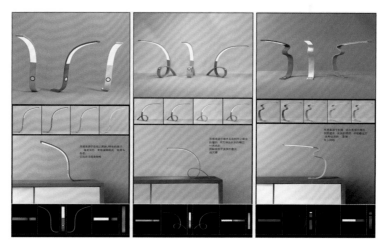

图3.59　"缤纷数字大派对"二（黄俊），指导老师（王宇）

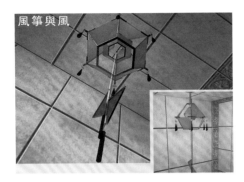

風箏與風

图3.60 "风筝与风"（黄一飞），指导老师
（林界平）

图3.61 "舞者"（李开运），
指导老师（王宇）

图3.62 "松果"（阮惠儿），指导老师
（肖知明）

图3.63 江南大学设计学院的灯具设计作品及制作过程（陈芳芳）

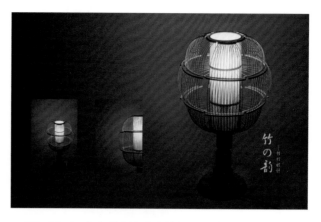

图3.64　江南大学设计学院的灯具设计作品(陈芳芳)

3.4　确定工艺方案

　　要确定工艺方案，首先要确定灯具是由哪些配件组成、用哪些材料，然后再认真阅读灯具的解析清单，最后才能做出决定。包括原材料和辅助材料的采购、运输、质检和保管；塑料五金零部件的加工；装配装饰；刀具、工具和能源的供应；加工设备的维修与保养；零件与产品的质量检验和入库保管；生产的组织与管理等。工艺过程是指通过各种加工设备直接改变材料的形状、尺寸或性质，将原材料加工成符合技术要求的产品的一系列工作的组合。工艺过程是生产过程中的一个组成部分，是完成生产过程的基础部分，也是最主要的部分。

　　工艺规程是对生产工艺过程中有关的加工工艺、加工方法等内容做出合理而科学的技术规定，并写成技术文件，这些技术文件就称为工艺规程。工艺规程的主要形式有工艺线路、工序卡、流程图、检验卡和说明书等。工艺规程的主要内容如下：流程；设备和刀具的参数；技术工艺装备标准(模具、量具的名称)；操作方法和工艺工程；成品和半成品的技术要求和检验方法；工人的技术水平和工时定额；材料质量标准和消耗定额；产品的包装、保管和运输方法等。工艺规程是指导产品生产和工人操作及保证产品质量的重要依据；是根据国家(国际)标准、专业标准或地方标准，并结合企业具体情况编制的；是保证和提高产品质量的具体措施；是衡量产品质量及生产过程各环节工作质量的重要尺度。但工艺规程并非一成不变，它应及时反映出生产中的改革与创新，应随着新工艺、新技术、新材料的出现，而不断地加以改进和完善，如图3.65所示为各种不同工艺的灯具设计。当然规程的修改也要严格规范，不能擅自和随意修改。

　　工艺规程应遵循工艺规格的原则制定，应力求在一定的生产条件下，以最高的生产效率和最低的生产成本加工出符合要求的产品。在制定工艺规程时应遵循以下三个原则：先进性，制定工艺规程时，可以有多种方案，要采用较先进的工艺和设备；合理性，对各种方案进行技术和经济分析，在保证产品质量的前提下选择经济上最合理的方案；安全性，在制定工艺规程时，必须保证工人有良好的安全操作条件，尽可能减轻工人的劳动强度。以下介绍几种灯具配件的工艺。

3.4.1 电镀工艺

就塑胶配件而言，我们常见的塑胶包括热塑性和热固性的塑料，这两种塑料均可以进行电镀。但需要做不同的活化处理，同时后期的表面质量也有较大差异，一般只电镀ABS材质的塑件，有时也利用不同塑胶料对电镀活化要求的不同先进行双色注塑，之后再进行电镀处理，这样由于一种塑胶料可以活化，而另一种无法活化导致局部塑料有电镀效果，能够达到设计师的一些设计要求。通过就ABS材料电镀的一般工艺后塑胶电镀层一般主要由以下几层构成。

电镀后常见的镀层主要为铜、镍、铬3种金属沉积层，在理想条件下，各层常见的总厚度为0.02mm左右，但在我们的实际生产中，由于基材和表面质量的原因通常厚度会做得比这个值大许多，不过大型电镀厂可以较好地达到这样的要求，如图3.66所示为电镀灯具。

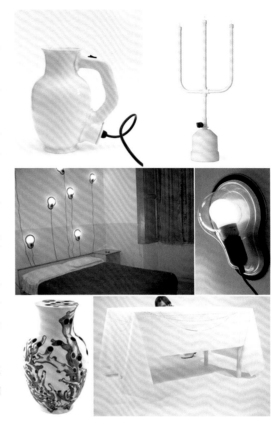

图3.65　各种不同工艺的灯具设计

3.4.2 冲压工艺

冲压是靠压力机和模具对板材、带材、管材和型材等施加外力，使之产生塑性变形或分离，从而获得所需形状和尺寸的工件(冲压件)的成型加工方法。冲压和锻造同属塑性加工(或称压力加工)，合称锻压。冲压的坯料主要是热轧和冷轧的钢板和钢带。全世界的钢材中，有60%～70%是板材，其中大部分是经过冲压制成的成品。灯具的吸顶盘、台灯底座、灯碟、灯杯、弯管、灯具壳体、电机外壳、电器的铁芯硅钢片等都是冲压加工的。仪器仪表、家用照明电器、户外灯具、办公商用灯和生活器皿灯等产品中，也有大量冲压件。冲压件与铸件、锻件相比，具有薄、匀、轻、强的特点。冲压可制出其他方法难于制造的带有加强筋、肋、起伏或翻边的工件。由于采用精密模具，工件精度可达微米级，且重复精度高、规格一致，可以冲压出孔窝、凸台等。冷冲压件一般不再经切削加工，或仅需要少量的切削加工，如图3.67所示为冲压成的灯具配件。

热冲压件精度和表面状态低于冷冲压件，但仍优于铸件、锻件，且切削加工量少。冲压是高效的生产方法，采用复合模，尤其是多工位级进模，可在一台压力

图3.66　电镀灯具设计

机上完成多道冲压工序，实现由带料开卷、矫平、冲裁到成型、精整的全自动生产。生产效率高，劳动条件好，生产成本低，一般每分钟可生产几百件。冲压按工艺分类，可分为分离工序和成型工序两大类。分离工序也称冲裁，其目的是使冲压件沿一定轮廓线从板料上分离，同时保证分离断面的质量要求。成型工序的目的是使板料在不破坏料的条件下发生塑性变形，制成所需形状和尺寸的工件。

图3.67　冲压成的灯具配件

3.4.3　铸件工艺

需要进行加工的铸件，在制造铸模时要给出机械加工余量。机械加工余量简称加工余量。加工余量应当合理地选定。加工余量过大，不仅浪费金属，增加机械加工工作量，有时还会因截面变厚，热节变大，使铸件晶料粗大，甚至造成缩孔或缩松。加工余量过小，就不能把铸件的加工表面全部切净，使零件达不到要求的精度和光洁度。加工余量的大小与铸造金属的种类，生产条件及铸件尺寸和表面加工部门等有关，如图3.68所示为铸造而成的灯具配件。

图3.68　铸造而成的灯具配件

3.4.4　塑料成型工艺

塑料成型工艺是塑料加工的关键环节。将各种形态的塑料(粉、粒料、溶液或分散体)制成所需形状的制品或坯件。成型的方法多达三十几种，它的选择主要取决于塑料的类型(热塑性还是热固性)、起始形态及制品的外形和尺寸。加工热塑性塑料常用的方法有挤出、注射、压延、吹塑和热成型等。加工热固性塑料一般采用模压、传递模塑，也用注射成型。层压、模压和热成型是使塑料在平面上成型。上述塑料加工的方法，均可用于橡胶加工。此外，还有以液态单体或聚合

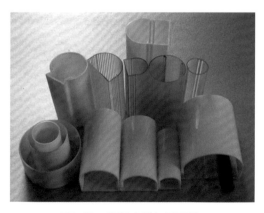

图3.69　塑料成型灯具配件

物为原料的浇铸等。在这些方法中，以挤出和注射成型用得最多，也是最基本的成型方法，如图3.69所示为塑料成型灯具配件。

3.5　灯具设计实例解析

下面介绍两款灯具设计的实例，从而了解整个灯具的设计及打样过程。

3.5.1　"姹紫嫣红"吊灯开发打样实例解析

"姹紫嫣红"吊灯设计的最初灵感来源于具有中国传统元素的大红灯笼，并通过运用现代的设计理念、设计手法重新演绎简洁时尚的灯具造型。此创意最大的亮点就是用红色的丝线上下穿插拉伸，形成错落、疏密、聚散的丝网罩；通过内置发光的节能灯，并结合晶莹剔透的水晶会形成斑驳阑珊的光影效果。

1. 前期创意构思的形成

设计一款具有中国传统元素的灯具，将中国传统元素融合到现代的灯具设计中，让中国元素在现代设计手法的全新诠释下焕发出新的活力，这就是设计师最初的创意概念。中国传统元素有很多，如众所周知的中国书法、中国印章和中国剪纸等都是传统的中国元素，但是如何找到一个契合点融入灯具设计中，这才是设计师应思考的问题。经过一段时间的反复酝酿，设计者想到了中国传统的大红灯笼，如张艺谋的电影《大红灯笼高高挂》给设计师留下了深刻的印象。红色是我国文化中的基本崇尚色，体现了中国人在精神和物质上的追求。它象征着吉祥、喜庆，如把促成他人美好婚姻的人叫"红娘"，喜庆日子要挂大红灯笼、贴红对联、红福字等；同时也象征顺利、成功，如人的境遇很好被称为"走红"、"红极一时"；它还象征美丽、漂亮，如将女子盛妆称为"红妆"或"红装"等。所以红色是一种受欢迎的颜色，既时尚又能给人喜庆的心里感觉。传统的灯笼用的材料都是竹、纸、布等材料，造型大部分也是圆球的形状，设计师在草图构思的时候尝试用圆柱体去设计灯具的外形，重新演绎简洁、时尚的造型。

图3.70　灯具的造型

受北京奥运会鸟巢体育馆建筑外部造型手法的启发，设计师很快就想到了将红绳应用到灯具设计中。首先在选材上就比市场上已有的灯具新颖；其次能传达设计师构思中带有的中国传统喜庆色彩的韵味，在视觉上也具有一定的冲击力；整个设计方案在选材上，都是用非常时尚流行的刨光电镀不锈钢、乳白色玻璃、红绳、水晶等材料；让整个吊灯给人一种轻盈、时尚的感觉。当灯罩内部节能灯发光后，晶莹剔透的水晶会形成斑驳阑珊的光影效果，如图3.70～图3.72所示。

图3.71　鸟巢的造型

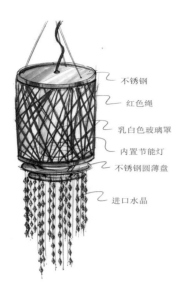

不锈钢
红色绳
乳白色玻璃罩
内置节能灯
不锈钢圆薄盘
进口水晶

图3.72　设计初期手绘效果图

图3.73　计算机设计的三维效果图

图3.74　与公司工程师交流

灯具设计（第2版）

2. 计算机效果图的建模及渲染

前期的灯具创意草图出来后，接下来比较重要的环节就是要进行计算机的三维虚拟建模渲染。前期的创意草图在推敲方案时是非常重要的，可以快速地表达出所要的造型，修改起来也比较方便。创意草图定稿之后，才能进行计算机三维虚拟建模渲染。设计师主要是用Rhinoceros和3ds Max这两种软件，Rhinoceros主要是用来设计吊灯的外观模型和将其设计的模型直接模导入到3ds Max里的V-RAY插件，这样就可以达到了比较真实的渲染效果。在建模渲染的这一阶段，最主要的任务就是要不断地推敲外观、细节、材质和灯光，慢慢调配，最终达到满意的视觉效果，如图3.73所示。

3. 灯具合作开发项目确定

灯具专业教师准备好了"姹紫嫣红"前期的创意草图，三维效果图，视图等打印稿。之后赴中山市古镇爱的华·家照明有限公司进行参观考察，并与该公司总经理交谈灯具合作开发项目事宜。

在灯具设计师对"姹紫嫣红"吊灯方案进行详细的创意解析后，该公司总经理立刻表示肯定"姹紫嫣红"这款灯具的设计方案。认为该方案既有喜庆的色彩，又能把传统的中国元素融入现代时尚的灯具造型中，且新颖独特。最后，爱的华·家照明公司成立了"姹紫嫣红"灯具新品项目开发小组，并委任该名设计师为研发项目组组长，同时调派一名工程师和一名物料组长组成一个项目团队为期一个月专门负责"姹紫嫣红"灯具作品打样工作。如图3.74所示。

4. 与工程师交流灯具打样方案

项目小组确定后，接下来的任务就是小组成员之间的交流和讨论。

项目启动后的第一天，项目小组成员就带着方案、灯具效果图打印稿和卷尺到爱的华·家照明有限公司灯具新品销售展厅。并参照现有的灯具，确定灯具的尺寸大小，为下一步绘制具体的Auto CAD尺寸图做好准备。

在接下来的一段时间里，项目小组经过讨论，确定下一个月的开会时间和每个阶段要做的任务，并做了一个详细的规划表，以保证任务按时按质完成。另外，小组还进行了分工细化，项目研发组长负责整体项目的进度；工程师负责绘制灯具方案具体的Auto CAD工程尺寸图；物料组长负责到物料市场订购灯具配件。每个人的分工都比较明确，也方便展开工作。

设计方案交付工程师时，要详细地说明设计的创作理念、灯具的尺寸材料的选择、色彩的搭配、光源的采用等要求。在相互交流的过程中，工程师和物料组长会凭借其丰富的经验，提出富有建设性的修改意见，促进方案逐渐完善。

5. 订购灯具配件

灯具Auto CAD尺寸图绘制出来后，接下来的任务就是订购灯具配件，有中国灯都之称的古镇也是全国最大的灯具配件市场，在这里能买到比较齐全的灯具配件。物料组长负责联系配件厂家，订购项目组所需的配件。在购买配件的过程中常会遇到创意新颖的设计方案，造型比较奇特，在市场上买不到现有的配件，要新开模才能制作出想要的造型；

但开模又涉及投资高和风险大的问题，一般公司在没有太大把握的情况下都不会冒这个风险，一旦开出来的模达不到预期的效果，整个方案就会失败。所以为了避免采购配件的时候遇到类似的情况，设计师在设计方案之前就要多考虑材料、加工工艺等问题。

物料组长采购回来的配件，会跟预期的效果有些差别，如在尺寸、颜色、材料上都有偏差，这些就需要项目组长最后确定最接近最初效果的材料，如图3.75所示。

图3.75 毛线绳样品的选择

物料组长第一次采购回来的红绳质量比较差，红绳韧性不够，容易起毛，达不到预期的效果。所以需要物料组长再去市场采购质量更好的红绳，以便保证灯具高品质的用料，如图3.76～图3.78所示。

图3.76 其他挂饰的挑选

图3.77 挂饰的底部颗粒挑选

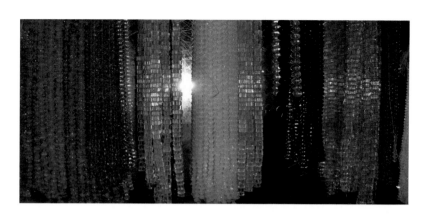

图3.78 挂饰的颜色挑选

6. 组装并测试灯光效果

当所有灯具配件购买齐全后，接下来就可以进行配件的组装。只有把一盏灯的所有配件组装起来，通电灯亮后，才能真正看到这盏灯具的实际灯光效果，之前的计算机效果图与组装好的样品相比有较大的区别，如图3.79所示。

在这个阶段，一方面可以调试灯光的效果，另一方面在看了真实的样品后，哪些地方存在问题，需要调整，可以记录下来，为下一步的修改提供参考。

"姹紫嫣红"的配件包括不锈钢刨光灯罩、红绳、乳白色玻璃罩、进口水晶和节能灯等。在装配的过程中，最费时间的就是红绳的拉伸穿插。这需要手工去穿孔引线，在穿插的过程中需要注意错落，疏密等节奏的控制，且需要极大的耐心，如图3.80和图3.81所示。

图3.79 中间的红绳穿插效果

图3.80 现场的组装测试

图3.81 挂饰的配饰效果

"姹紫嫣红"组装好后，灯具样品挂在测试车间，公司总经理看了之后提了一些非常有建设性的意见，如挂水晶串的玻璃托盘要改为薄的不锈钢金属圆圈，因为玻璃圆盘会由于灰尘的积累变脏，客户使用时要经常打扫灰尘不方便；再就是玻璃的色彩与整体的色彩不一致，破坏灯具整体的统一性。经过讨论吸取了修改意见后，继续挑选适合的零件，对灯具样品进行进一步的调整，最终使灯具样品变得更加完善，如图3.82和图3.83所示。

图3.82　挑选适合的零件一　　　图3.83　挑选适合的零件二

7. 挂样品销售

样品组装测试好后，将样品悬挂展示在公司销售展厅，然后在灯具的上面挂上该款灯的设计理念说明、尺寸大小、标价等信息，方便顾客下订单。

灯具样品在销售展厅展示后，经过一段时间，顾客的意见会通过销售员反馈回来，从而为设计师在下一次修改作品时提供有价值的参考，使修改后的作品更贴近潮流、更符合客户的审美和喜好，促使灯具作品更完美，如图3.84所示。

图3.84　"姹紫嫣红"设计制作：中山职业技术学院艺术设计系(林界平)

3.5.2　"望舒荷"系列灯饰开发实例解析

以莲蓬和望舒荷叶的装饰特征作为该系列灯具的"隐"结构，努力营造一种娴雅、舒展、廉洁的"现代江南大家"风范。

作品名称："望舒荷"系列灯饰。

所运用材质有：海洋布、弹力布、铁丝、塑胶、五金及构件和玻璃。

所运用工艺有：弯曲、切割、金属镀烙、烤漆、焊接、压塑胶模、绷、粘和喷画等。

尺寸：不规则。

1. 设计前期策划

任何一组系列产品在开发之前都需进行前期的策划工作，只有在开发设计前有一个系统而科学的策划，才能更好地保证新产品开发的顺利进行。灯饰照明与装饰双重属性的特质，要求其在前期的策划中需要考虑四方面的内容：①装饰美感的表现。②照明功能的满足与技术的可操作性。③设计主题元素与定位。④设计新品预期亮点。下面针对"望舒荷"系列灯饰开发的实际过程的四方面内容进行解析。

(1)"望舒荷"系列灯饰对装饰美感的把握。"望舒荷"系列灯饰作为室内装饰照明的角色，在装饰美感的把握上主要有两方面：①与室内装饰风格的和谐配搭。"望舒荷"系列灯饰以简洁的白色及荷叶仿生的造型，将白色的简洁、时尚和纯粹与荷叶"出淤泥而不染"、清丽脱俗的"中国江南大家"风范相结合，营造出一种简约时尚，又不乏中国味道的装饰风格，跟当下流行的现代简约和现代中式装修风格及家具风格等均能进行配套陈设。②自身的造型美感。"望舒荷"系列灯饰以大型荷叶为设计元素，提取荷叶优美舒展洁净的外观造型，将荷叶的生长结构特征融入灯具的造型结构中，以荷叶结构变成灯饰的"隐结构"，而不是将荷叶作为一个图案装饰在灯饰的表面。这种独特的造型手法大大增强了该系列灯饰自身的造型美感，如图3.85所示。

图3.85 "望舒荷"系列配套摆件

(2) 照明功能的满足与技术的可操作性。任何一种款式的灯饰都具有发光体，否则就不能称其为灯，所以即便是装饰功能的灯饰也有发光体，也需要满足特定的装饰照明功能。"望舒荷"系列灯饰采用9瓦节能灯管，在满足装饰照明功能的同时也具有节能的作用和防止高温融化胶水的现象。此外，灯饰的造型并不是天马行空随意创造的，特定的造型还要根据技术条件和生产加工工序进行相应的调整。图3.86为"望舒荷"系列灯饰的地灯，从图可见该地落灯具有多个莲蓬灯头，每个灯头都由一根弯曲的细铁管连接。在方案设计中，每根细铁管的长度和弯曲程度都是不一样的，这就要求在生产制作过程中需要弯出多个不同长度和弯曲程度的细铁管模具，增加了制作成本。所以在批量生产的过程中，经过设计师对不同长度和弯曲度的细铁管进行归纳和简化，只需弯出三种不同长度和弯曲度的细铁管就能把整个落地灯的细铁管制造出来，从而节约了人力和物力。可见技术的可操作性对外观设计的影响与制约。

(3) 设计主题元素与定位。根据新产品开发的意愿，设计师需要确定适合的设计主题元素。"望舒荷"系列灯饰以装饰为目的，以年轻时尚家庭、各类时尚专卖店、休闲咖啡店和酒店等为主要使用场所。以现代而不乏中国文化韵味的风格为意向风格，这就要求设计师在进行设计主题元素的定位中需要考虑这些因素，才能保证设计主题元素定位的准确与科学。"望舒荷"系列灯饰抓住荷叶和莲蓬的特征和寓意，使主题元素特性与灯饰特性更好地结合起来，如图3.87和图3.88所示。

图3.86　"望舒荷"系列地灯

图3.87　"望舒荷"系列落地灯

图3.88　"望舒荷"系列设计主题元素

（4）设计新品预期亮点。任何一系列新产品的开发都具有一个或多个的策划亮点，否则就没有开发的必要。"望舒荷"系列灯饰的策划亮点有以下几点：①与当下流行的家居风格同步。②将荷叶、莲蓬的结构特征融入灯饰的结构，形成一种隐装饰，给人既丰富又简洁的感觉。③采用手工制作，运用艺术处理手法，给人一种全新的艺术感受。④普通的材质、中等的价格、新颖的设计，使"望舒荷"系列灯饰在销售上极具竞争力。

2. 设计方案的确定

有了前期的策划之后，需要开始进行方案的设计及完善。前期创意阶段是一个头脑风暴的过程，设计师需要发挥想象力和创造力，充分运用自己的专业技能知识来进行创作。设计方案的确定和完善包括以下三部分内容。

（1）设计概念草图，"望舒荷"系列灯饰的部分概念草图，如图3.89和图3.90所示。

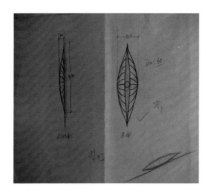　　

图3.89　手绘灯罩效果图　　　　图3.90　手绘灯罩及整灯效果图

（2）设计三维效果图和施工图，"望舒荷"系列灯饰的三维效果图和施工图，如图3.91和图3.92所示。

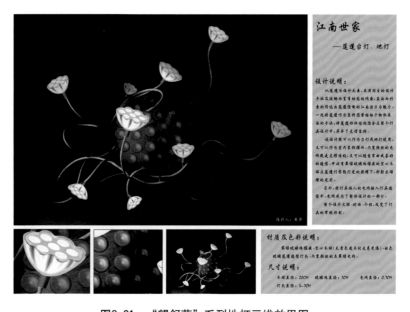

图3.91　"望舒荷"系列地灯三维效果图

(3) 模型制作与打样，"望舒荷"系列地灯打样主效果，如图3.93所示。

3. 设计实施

有了切实可行的设计方案后，就需要进行设计实施。由于"望舒荷"系列灯饰造型的不规则性，所以在设计实施的过程中需采用手工制作为主机器为辅的方式。

(1) 设计实施的步骤。以"望舒荷"系列灯饰为例，荷叶吊灯和落地灯的设计实施步骤为：制作铁构架→构架表面处理→绷布→组装。莲蓬地灯的设计实施步骤分两部分同时进行，在进行莲蓬开模的同时，完成主灯体的制作，具体步骤为：大样制作→球体与开孔→弯管与烤漆→贴玻璃珠片→组装完成，如图3.94所示。

(2) 设计实施之手工制作。"望舒荷"系列灯饰大吊灯的整个造型以包卷的大荷叶为创意元素。由于包卷荷叶的细长橄榄状形体特征，在设计实施的过程中就只能采用手工制作的方式，以满足异形的要求，如图3.95所示。

(3) 设计实施之机器制造。除了采用手工制作的方式外，机器的辅助使用也是非常必要的。例如，"望舒荷"系列灯饰的落地灯，由于灯杆为较粗的铁管，完全采用人力弯曲就非常困难，所以在制作的过程中就需要机器来辅助完成，如图3.96所示。

4. 设计实施中遇见的问题

在设计实施的过程中常会遇见一些可预期和不可预期的问题。可预期的问题一方面烤漆色彩与预期的色彩会存在不同程度的差别，落地灯的烤漆色彩有偏差，必须进行第二次上色。另一方面脱模，由于莲蓬灯头结构的特点使其需要进行多次尝试后才能顺利地完成脱模，这些都是在设计实施过程中常见的可预期问题。除了可预期的问题外，在设计实施的过程中还会存在或多或少不可预期的问题。如"望舒荷"系列灯饰的大吊灯，灯体为一块白色的弹力布包裹，但是灯体体积较大，无法用一块完整的弹力布来包裹，采用拼接的方式又会留下接痕，这些都是在设计实施中不可预期的问题。如图3.97～图3.100所示。

图3.92 "望舒荷"系列落地灯施工图

图3.93 "望舒荷"系列地灯打样主效果

图3.94 绷布的组装

图3.95 灯具骨架的制作。

图3.96 弯管机辅助机械制作

图3.97 烤漆色彩偏差　　　　　　　　图3.98 调整后烤漆色彩

图3.99 整块弹力布不方便包裹　　　　图3.100 问题解决后成品展示

5. 开发设计小结

　　随着人们对审美要求的提高，审美取向也越来越多元化。中国的灯饰设计尚处于初级阶段，很多所谓的灯具设计师都是半路出家，没有经过系统的艺术设计训练，设计出来的灯具产品很难满足消费者的审美需求。所以作为一名未来的灯具设计师，更需要提高艺术和设计的素养，这样才能在新灯具开发设计中设计出具有原创美感的灯具作品，如图3.101～图3.104所示。

图3.101 "望舒荷"系列四头吊灯　　　图3.102 "望舒荷"系列台灯

灯具设计（第2版）

图3.103 "望舒荷"系列莲蓬灯头

图3.104 整体展示效果"望舒荷"系列灯具设计制作 戴莎

本 章 小 结

灯具设计师不但要有好的创意设计，还要具备熟练的产品表现技能，手绘和计算机辅助设计是灯具设计师的必备手段。一套完整的设计方案必须含有效果图与工艺工程图。而且效果图与产品工艺工程图都可以同时进行，效果图是面对客户洽谈新设计方案的视觉作品，工艺工程图是给生产厂家生产线上的指导性文件。并且设计师同时还要熟悉灯具特性，将其组装成样品。对样品进行再次改良设计，最后完成设计作品，并推向市场。

习　　题

1. 灯具创意设计手段分为哪些？
2. 灯具设计的设计要素分为哪些？
3. 灯具设计的基本流程是什么？

第4章 灯具生产工艺
——铜件灯具

本章主要介绍灯具的种类及各类灯具的主要形式和特点，使设计师对灯具市场有一个宏观、清晰的初步了解，从而对以后的灯具设计开发产生一定的帮助。

各类灯具的主要形式和特点。

知识要点	能力要求	相关知识	权重	自测分数
室内灯具的种类	了解室内灯具的主要种类及其主要形式和特点，并能将该知识灵活地用于具体的灯具设计开发过程	室内移动式灯具的主要形式和特点；室内固定式灯具的主要形式和特点	60%	
室外灯具的种类	了解室外灯具的主要种类及其主要形式和特点，并能将该知识灵活地用于具体的灯具设计开发过程	门灯、道路灯、庭院灯、水池灯、地灯、广场照明灯、霓虹灯的主要形式和特点	40%	

　　铜件灯是以铜材料为主的灯具，它有使用寿命长、易生产、易加工的特点。材质不会生锈，材料软硬适中。表面处理极丰富，有镀金、镀银方式、烤漆与铜绿处理方式等。能形成各种风格所需的外观效果。铜件灯具历史悠久，国内外流行，经久不衰。本章主要介绍铜件灯具的基本生产工艺流程，从设计图纸到产品要经过哪几个重要工段。设计此类灯具产品时，应采用什么方法去完成产品的生产制造，只有十分熟悉灯具的生产过程，我们设计出来的作品，才更具有商品价值。

4.1　铜件灯具产品介绍

　　在市场品种繁多的灯具产品中，铜件灯具是最为普遍的灯具，它造型美观，适合于商用和家用，如酒店大厅的吊灯多数用铜件大吊灯。铜件灯具的台灯、壁灯、吊灯、落地灯一直是大型灯具企业占有很大市场份额的产品。铜件灯具之所以能占据市场的主流，是由其自身材料的优越性所决定的。它不生锈，使用寿命相对比其他五金类材料要长得多；它的质感软硬适中，易于加工切割与钻铣。它的熔点较低，约在1200℃时即可熔化进行浇注。因此它是生产灯具产品最优质的材料之一。铜件灯具产品表面处理非常丰富，常见的有电镀24K金处理，呈现出金碧辉煌的效果，也可以处理成黑色、咖啡色的烤漆表面，与欧式古典家具融为一体。它还有独特的铜绿处理方式，给人回到春秋战国时期的感觉。在古代青铜器时代铜件灯具就已经用做油灯，如图4.1所示。

　　铜件灯具生产方法主要是铸造方法。铜件灯具产品种类有：铜件与玻璃的组合；铜件与云石的组合；铜件与玻璃和水晶的组合。因此铜件灯具能体现出高档、华丽的美感，广泛运用在高档酒店大厅与豪华家庭装饰中，且欧式的风格居多。在我国改革开放前，此类灯具多数是由台湾一些厂商生产。改革开放后，一些台商来珠三角投资办厂，专做铜件灯具，产品主要是外销。1990年后，中山古镇一些灯具厂也纷纷投资生产铜件灯具，以满足我国的内销需求，如华艺、胜球、开元一些灯饰龙头企业都有专门的铜件灯具生产线和铜灯的专用展厅，如图4.2～图4.4所示。

图4.1　汉代青铜灯

图4.2 铜件灯具展区

图4.3 铜配件与玻璃、亚克力组合灯具

图4.4 铜配件与石材组合

4.2 铜件吊灯结构

铜件灯的结构中，主要骨架是铜件，它是由一系列的配件连接而成的。主要配件有吸顶盘、中柱、灯碟、框、饰头等，如图4.5所示。

吸顶盘：把吊灯吸附在天花板上的一个配件，此配件是为了整盏灯的美观而设计，主要是吊灯和壁灯所需。表面花饰和表面处理与整盏灯相一致。家用吊灯的吸顶盘直径在200mm左右。

中柱：灯具的主干，内有电源线通过。它是最受力的配件，大小根据灯具的大小而定。外形常用车削的柱状。

框：铜件灯的框，小件灯用光面的较多，大件灯因直径太大，所以花饰与其他配件同类。让整盏灯格调统一。

灯臂：灯臂是最能体现灯具造型风格的一个配件，它有简单流线形状，有布满花纹的；有的还像动物，如小鸭头、马头、人物、小鸟等。其大小根据灯具大小决定，如多层的灯具多是相同的造型，而大小尺寸却不同。

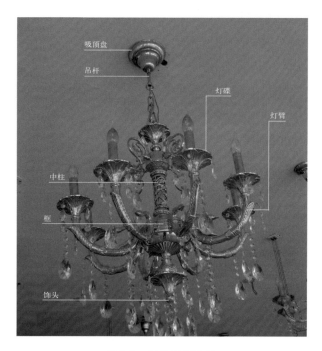

图4.5　铜件吊灯结构

灯碟：外形与表面花饰多数与吸顶盘类似，只是尺寸小一些。一般直径在100mm左右。它起到托住玻璃灯罩的作用，让灯罩与灯臂有一个更完美的过渡。

吊杆：多用于做拉杆的作用。吊杆两头连接吊环或吊勾。吊杆可以是管状形也可以是雕花的形状，起到绳子的作用，是一个受力的配件。

4.3　铜件灯配件生产工艺

铜件灯是以铜配件为主，配有电源和灯罩的灯具。其中，主要结构是由铜配件连接而成，所以在生产中铜配件的生产比较重要。下面介绍铜配件生产工艺。

4.3.1　完整的设计图与施工图

生产一盏铜件灯具，要有完整的设计图与施工图。企业生产灯具，应考虑从批量生产的角度去设计。所有配件必须标准化，设计图与施工图是引导企业生产的标准和依据。产品设计图纸确定以后，才能进行实体模型的制作。实体模型的制作有多种方法：有用木材雕刻、有用油泥雕刻，也有用石膏雕刻来完成的。不同的材料有不同的优势与弱点。木材的特点就是花饰细腻而稳定不会变形，但是要雕刻一件模型，却要很长时间。油泥的特点是易雕，但是会随着温度的升高而变形。黄石膏易雕，速度也快，不足的是脆弱，稍不小心，就会崩塌。所以，目前多数灯具生产厂家都是用木模来完成，木模易于修改。但为了追求速度，也有用黄石膏材料的。

要生产一个灯具配件，首先要有一幅立体、线条准确的平面素描图。雕刻模时，以图为依据，最终结果就是把平面图变为实体模型，如图4.6所示。

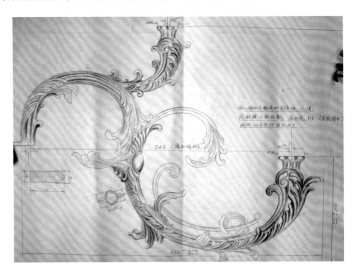

图4.6　立体感极强的设计图

4.3.2　雕制模型

灯具产品因外观造型与表面花饰不断更新，因此要开发一盏新灯具，其所需的新配件通常要新开模具，模具就得有雕刻出实体模型的样品。模型样品必须以图纸为依据，基本上是照葫芦画瓢的方式完成。要求设计图纸结构清晰、线条流畅、立体感强，最好是线条加素描关系的平面图。

黄石膏制模方法：先用粉状原材料渗水溶为泥浆，干硬后便可用木雕工具进行雕刻。此材料软硬适中，是快速做模的好方法，被多数灯具企业采用。一些圆形的底座、吸顶盘、中柱是用车床车削出来的。中柱模要求两半要平均，边车削边用游标卡尺测量尺寸，如图4.7～图4.9所示。

图4.7　根据图纸雕出实体模型

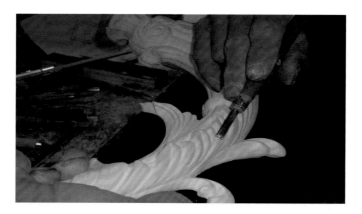

图4.8 手工雕模型

图4.9 车削台灯底座模型

4.3.3 铝制中板模

有了木模或石膏模，就可制作标准的模具。模具用铝材料比较适合。首先是质量轻，造模成型便于生产；其次硬度适中，便于加工。模具是为了批量生产而制造的，铸造件采用中板模，这种生产方法速度快，成本低。冲压件则采用冲压模，但冲压成本比较高，灯具更新换代又比较快，所以只有很少的企业采用这种方法。虽然通过冲压模制造出来的产品质量精细，但因其成本太高，绝大多数企业都不愿意接受，如图4.10所示。

图4.10 铸造模具与模箱

4.3.4　砂心模制作

空心的配件采用砂心来制作，浇注铜水后，砂心采用手工振动打落。也可以用专用的滚筒设备制作，从而生产空心的零件。空心一般是用来走电源线的，同时配件的重量也得以减轻。砂心由专用的砂心机器来完成，如图4.11和图4.12所示。

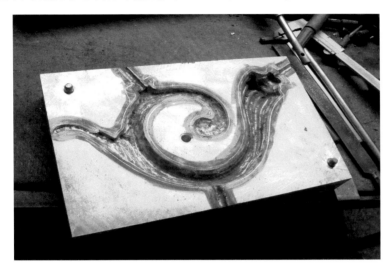

图4.11　砂心模具

图4.12　砂心成品

4.3.5　造模与浇注

造模就是用模具与型砂制成模型，外有浇口。造模主要工具有手工造模机、造模箱，主要是用空压机的气压来辅助完成造模。将把模箱与模具配合好后，填满型砂，用气压紧，在模型上面用木棒来开水口孔。把压紧的模平放在地上，拆除模箱，用两块重量较大的金属压在上面，以防浇注时铜水膨胀而损坏模型，如图4.13～图4.15所示。

图4.13　造模成型

图4.14　铜水熔炉

图4.15　浇注铜水

4.3.6　打沟槽，雕铣花饰

铜件灯具配件的打磨，又称打沙，有的企业叫打沟槽，也就是把一些花纹凹处缝隙磨亮，主要是把抛光不到位的部位磨亮，只有磨亮了才能进行表面处理。通常用空压机带动钻头，以持笔式的操作方式在产品表面雕铣。雕铣时因表面皮屑易打在脸上或是伤到眼睛，所以在工作时要有一个玻璃防护箱，两手伸进箱内操作，这样眼睛可以看到里面，可起到保护眼睛的作用，如图4.16和图4.17所示。

灯具设计（第2版）

图4.16　雕铣花饰

花纹凹处要磨光，抛光难以抛到位。

图4.17　雕铣成品

4.3.7　钻孔、攻牙

把要钻孔的面铣平，然后钻孔或攻牙。配件的连接主要是通过牙杆与牙杆相连接，如图4.18所示。

图4.18　钻孔

4.3.8 焊接

很多复杂的配件,仅通过一次性模具生产是无法办到的,但可以分解成多个配件焊接来完成。焊接主要有风焊与亚弧焊。亚弧焊比风焊焊接效果要好。但是亚弧焊光线太强,辐射大,且对人体有伤害,如图4.19所示为灯具的焊接工艺。

图4.19 焊接工艺

4.3.9 抛光

加工完成的配件,都要经过抛光以使表面光亮,表面光亮的目的是为了进行电镀、喷漆和烤漆处理。表面处理一般有两种情况:一种是表面电镀;另一种是喷漆或烤漆。两种方式都要进行抛光处理。抛光后的产品必须精心包装,切勿直接触摸,作业时必须佩戴软布手套。否则电镀产品将会留有斑点。这些斑点是由手上的汗液引起的。要进行烤漆处理的灯具产品,首先用强酸浸泡,把表面杂质去除。因此焊接不牢的产品在此环节上会脱落,得返工再次焊接,如图4.20所示。

图4.20 抛光作业

4.3.10 电镀

电镀工艺是将抛亮的铜配件进行电镀处理，让产品更加美观、华丽。从表面颜色可将电镀工艺分为镀K金、镀银、镀铬等，如图4.21所示。

图4.21 电镀后的成品

4.3.11 烤漆工艺

为了让灯具产品表面色彩更加丰富，多数灯具产品用烤漆工艺完成，如咖啡色、古铜色等。例如，古典灯具适合用烤漆工艺来完成。烤漆工艺主要过程是先用强酸腐蚀，然后喷涂表面所需的色漆；最后到烤房硬化漆表面，如图4.22所示。

图4.22 烤漆产品

4.3.12 装配电源线

电源产品有灯头、灯泡、开关线等，它是根据照明需要来选配的。台灯采购手动微调开关较好；吊灯配有遥控开关更便于使用；灯泡采购要选用品牌好的企业产品，质量好才能经久耐用；电源采购要选用通过安全规定和相关认证的产品，如图4.23所示。

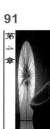

图4.23　灯头电源线

4.3.13　组装灯具产品

小的灯具产品组装只需要在工作台上就可以完成，但是一些大型的灯具产品就需要通过辅助架来完成。

组装灯具车间应十分干净，以免灰尘粘在产品上。安装人员操作时，需戴干净布手套。组装车间灯光照明要好，通风干燥，安全防火设施齐全，如图4.24所示。

图4.24　灯具组装车间

4.3.14　展厅销售

灯具产品与其他商品有所不同。展厅装饰要求华丽，这样才能提高产品档次。灯具外形是否美观是决定顾客是否购买的第一要素。因此多数灯具企业只有展厅接到相关订货单后再找其他相关厂家生产。展厅装修风格要求与所展示灯具风格一致，灯饰展厅配有专业的灯具销售人员进行产品介绍，如图4.25所示。

图4.25　展厅销售

本 章 小 结

通过本章的学习，我们了解了铜件灯具的生产流程，主要是铜配件的铸造工艺与铜件五金加工工艺。此技术的学习是要深入实践，并到相关企业车间实习，才能更具体地学习此类灯具的工艺制作方法。课前准备好几款铜件灯具样品和一些常见的灯具铜配件，教学时教师先将铜件灯具拆卸，然后介绍每一个配件的名称和功用、常规尺寸、材料加工工艺。要求学生认识铜件灯具的结构和铜配件的加工工艺。

习　　　题

1. 铜件灯具的结构主要配件有哪些？
2. 铜件灯具的铜配件生产工艺一般采用哪种制造方法？
3. 铜件灯具表面处理有哪些方法？
4. 铜件灯具配件的模具和最初的模是用什么材料完成的？
5. 灯具的铜配件铸造出来的粗坯花纹凹处应如何加工使之光亮？

第5章　灯具打样范例

　　让学生了解灯具设计的打样流程，加强学生的动手能力、思考能力和解决问题的能力，使学生能将自己的设计方案打样出灯具成品。

　　辅导学生绘制1:1灯具打样尺寸图、选购材料、加工制作灯具。

知识要点	能力要求	相关知识	权重	自测分数
熟悉灯具结构	了解灯具制作的材料特性，画出灯具结构工程图	灯具配件的选择和搭配，光电源的连接原理	30%	
确定工艺方案	熟悉灯具生产线的工艺流程	冲压工艺，铸造工艺，车削工艺，压铸工艺，五金熔炼，玻璃工艺，电镀工艺、喷涂烤漆工艺等	30%	
打样	有组装灯具的能力	有电工基础，对组装灯具熟练，熟悉产品的加工及安装流程	40%	

灯具打样阶段就是要把定稿的设计方案制作出样品，此阶段涉及绘制灯具的CAD尺寸图，了解灯具材料特性和购买配件、了解灯具的加工工艺、电光源原理及灯具生产流程。

5.1 "空降者"水晶吊灯设计打样实例解析

5.1.1 前期概念的产生

灯具设计的最初概念来源于降落伞，降落伞是利用空气阻力，依靠相对于空气运动充气展开的可展式气动减速器，使人或物从空中安全降落到地面的一种航空工具，主要由柔性织物制成，如图5.1所示。

图5.1 创意参考图

看到降落伞，就会让人联想起在蓝天下，迎风绽开的美丽风景。

于是设计师在草图创意头脑风暴的时候，就把降落伞这个设计概念引用到吊灯设计上面，提取降落伞在空中打开的状态，进行设计元素的处理。用两种不同大小的降落伞形状的灯罩，通过大灯罩的旋转复制阵列，小灯罩的长短错落排列，来形成降落伞在空中徐徐而下的视觉效果。

草图概念创意是灯具设计过程中最重要的环节，从前期在头脑中的模糊概念到后期呈现在二维纸稿上的创意草图，这段时间要经历对概念创意不断的讨论、推翻、调整和修改。

最后画出大量的创意草图，最终选出一个可行性大的创意方向进行创意延伸。

5.1.2 三维计算机效果图的制作

灯具设计（第2版）

确定创意概念后，需将确定的创意草图在计算机上用Rhinoceros、3ds Max软件做出三维效果，三维效果图能够直观地表达出设计师对设计方案的理解，并从整体的造型、空间结构、细节、材质、色彩和灯光等方面进行全方位的模拟。便于设计师与客户进行设计交流和提案，如图5.2和图5.3所示。

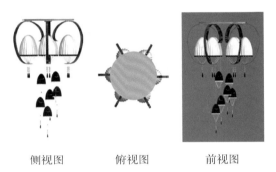

侧视图　　　　　俯视图　　　　　前视图

图5.2　效果图

图5.3　提案现场

5.1.3 灯具Auto CAD尺寸图制作

此阶段主要是运用Auto CAD软件进行灯具的尺寸图制作，包括灯具的三视图、透视图、零件图、剖面图、材料订购清单等，用真实尺寸1∶1标注整体形状的大小和部件的细节；还包括零件安装位置的设定、吸顶盘灯罩的水晶吊串的打孔位置、水晶球之间的排列长短等，如图5.4～图5.8所示。

图5.4　制作Auto CAD尺寸图

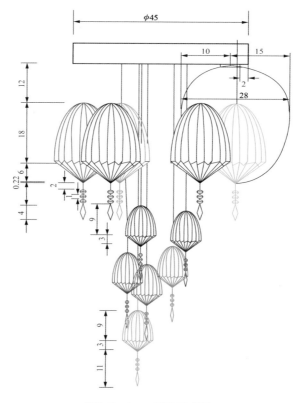

图5.5　Auto CAD尺寸图

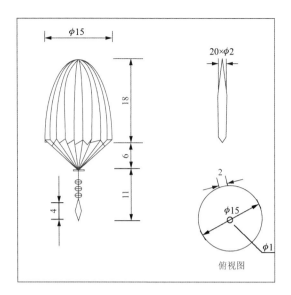

图5.6 Auto CAD尺寸图（大灯罩）

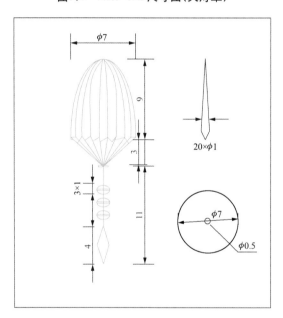

图5.7 Auto CAD尺寸图（小灯罩）

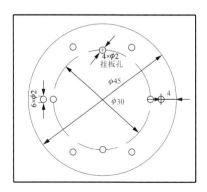

图5.8 Auto CAD尺寸图（顶盘）

5.1.4 灯具设计打样阶段

灯具尺寸图制作完成后,接下来就是要进行灯具的打样,这是最重要的阶段,需要花费大量的财力、物力、人力和时间。

灯具打样需要制订详细的时间进度表,在规定的时间段内完成相对应的打样工作,如图5.9~图5.11所示。

图5.9　课堂讨论制订打样计划

图5.10　效果图

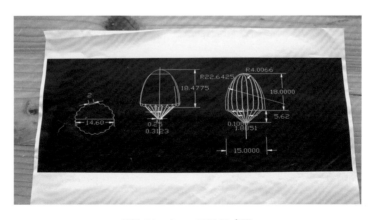

图5.11　Auto CAD尺寸图

"空降者"三维效果图和Auto CAD尺寸图制作出来后，打样的前期工作就是设计小组把效果图和尺寸图打印出来，集体讨论设计方案采用何种材料，并制订详细的物料清单。

"空降者"是一款吸顶吊灯，具体要定做和购买的材料包括吸顶盘，6个伞形灯罩弯管支架、6个大号伞形灯罩、6个小号伞形灯罩、12个G4灯泡、变压器和连接电线等。

经过讨论，初步确定伞形灯罩可选用4种不同的材料，分别包括陶瓷、金属、塑料、玻璃。因为不同材料所传达出来的视觉效果不同，心理感受也不同。所以最后决定大号伞形灯罩用乳白色半磨砂玻璃，因为它能够传达一种时尚、轻盈感。小号伞形灯罩采用电镀金属，从而传达一种现代感，如图5.12和图5.13所示为制作灯罩模型的过程。

图5.12　用陶泥制作伞形灯罩的模型

图5.13　制作伞形灯罩模型的过程

接下来制作小组带着图纸赶赴中山市古镇灯饰配件城购买尺寸相符合的灯具所需的材料，包括伞形灯罩，水晶、变压器、G4灯和连接电线等，如图5.14～图5.46所示。

图5.15　找到类似伞形灯罩的灯具配件

图5.14　古镇灯饰配件城的灯具配件

图5.16　在五金配件加工厂找到与吸顶盘尺寸相符的圆盘

图5.17　与五金配件加工厂技师沟通交流

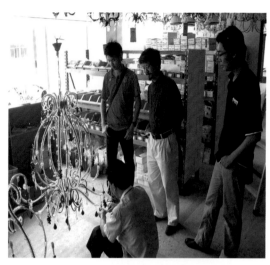

图5.18　现场与工厂技师进行交流

图5.19　对不同材料特性的灯罩进行了解

图5.20　对不同材料特性的水晶进行了解

图5.21　在水晶配件店寻找与方案相似的水晶，包括要从形状、颜色、光泽等元素进行考虑

图5.22　在五金车间定做吸顶盘

灯具设计（第2版）

图5.23　最终购买到了与方案相似的伞形乳白色半透明玻璃罩

图5.24　伞形乳白色半透明玻璃罩

图5.25　电镀好的6条灯罩支撑弯管配件

图5.26　连接伞形灯罩，内置G4灯的金属配件

图5.27　G4灯的塑料连接件

图5.28　初步连接电线

图5.29　组装吸顶盘

图5.30　测试打孔位置是否正确

图5.31　将6根伞形灯罩支撑弯管固定在吸顶盘上

图5.32　连接金属架与玻璃罩，并在玻璃罩上打孔（金属架与玻璃罩的连接处容易破裂，所以在组装的时候要特别小心）

图5.33　分别在6条弯管上装上6个伞形灯罩

图5.34　组装灯罩

图5.35　连接灯罩与金属架

图5.36　灯具上半部分组装完成

灯具设计（第2版）

图5.37　分别将6根管内穿有电线的弯管连接在吸顶盘上，内置变压器，理清电线的连接关系

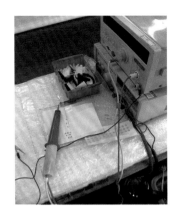

图5.38　测试电源是否漏电

图5.39　将组装好的灯具挂上样品测试车间，从而把握整体效果

图5.40　连接小号金属灯罩

图5.41　通电，测试灯光效果

图5.42　组装后的整体效果

图5.43 继续修整细节

图5.44 中期效果

图5.45 通电后的"空降者"最终打样效果

图5.46 第八届古镇国际灯饰博览会展览现场

"空降者"灯具设计与制作
中山职业技术学院艺术设计系
07级灯具设计班
设计：黄俊铭
制作：黄俊铭、曾繁建、林锦卓、
　　　欧国华、许春学、李开运
指导老师：林界平、伍斌

灯具设计（第2版）

5.2 "旋韵"吊灯设计打样实例解析

5.2.1 前期概念的产生

该款灯具设计主要是以不锈钢弯管为设计元素，用重复陈列的设计手法组成具有旋韵的灯具外形，最后加上晶莹剔透的水晶链和半磨砂乳白色玻璃灯罩。使灯具体现出既时尚又美观的特质。

5.2.2 三维计算机效果图的制作

确定创意草图后，接下来就是三维效果图的建模渲染，三维效果图能够直观地表达设计师对设计方案的思路。从整体的造型、空间结构、细节、材质、色彩和灯光等方面进行模拟，如图5.47和图5.48所示。

图5.47 计算机效果图

图5.48 计算机环境图

5.2.3 灯具Auto CAD尺寸图制作

这一阶段主要用Auto CAD软件进行灯具的尺寸图制作，包括灯具三视图、透视图、零件图、剖面图和材料订购清单等。首先要标注水晶吊灯具体尺寸整体形状的大小和零部配件的参数；其次要详细地标注弯管的长度、弧度和弯管之间的间隙距离；最后标注水晶吊串的打孔位置、水晶球之间的排列长短等参数，如图5.49所示。

图5.49 Auto CAD尺寸图的绘制

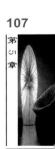

5.2.4 灯具设计打样阶段

灯具Auto CAD尺寸图完成之后，接下来就是购买灯具设计方案所需的材料，进行灯具的打样工作。

灯具打样的过程是一个艰难的过程，需要制订详细的时间计划表，要花费大量的时间和精力。同时，这也是一个再设计的过程，在打样的过程中需要不断地根据打样的实际情况进行方案调整，如图5.50～图5.67所示。

图5.50 到中横灯饰配件城购买所需的配件

图5.51 挑选合适的水晶，尽量找到在形状、颜色、光泽上与方案一致型号的水晶

图5.52 挑选合适的玻璃罩，目标是半透明的磨砂乳白色玻璃罩

图5.53 挑选吸顶盘配件

灯具设计（第2版）

图5.54　随时参照图纸挑选配件

图5.55　根据设计方案的实际尺寸挑选玻璃罩的吸顶金属配件

图5.56　找到形状大小适合的金属配件一

图5.57　找到形状大小适合的金属配件二

图5.58　到车间与工厂师傅就灯具五金配件的加工进行沟通

图5.59　初步组装吸顶盘，包括具体孔位位置的标注，电线的连接等

图5.60　试挂样品、测试灯光

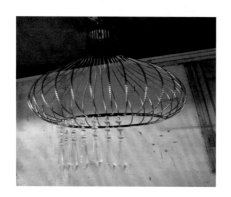

图5.61　灯具初步组装效果

图5.62　灯具初步组装效果，调整弯管之间的间距和水晶链的长度等

图5.63　挂在样品间进行效果调整

图5.64　中期效果

灯具设计与制作

中山职业技术学院艺术设计系
07级灯具设计班
设计：杨朝宜
制作：杨朝宜、许敬芬、林锦卓、
李开运
指导老师：林界平、伍斌

图5.65　组装完成后的灯具整体效果

图5.66　通电后的灯具最终效果一

图5.67　通电后的灯具最终效果二

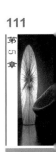

本 章 小 结

每一款灯具从前期创意图到完成样品，都需要经历绘制前期创意草图、绘制计算机效果图、绘制Auto CAD尺寸图、制订物料清单、到配件市场订购材料、到工厂加工制作、组装完成和测试灯光等阶段。这些流程需要学生在灯具专业教师的指导下完成，从而了解灯具打样的过程，从中学习专业知识，并逐步过渡到灯具的自主设计。

习　　题

设计一款具有中国传统元素的现代吊灯，材料不限，加工方式不限。

要求：需完成灯具创意草图、计算机效果图、七视图、Auto CAD尺寸图、1∶1加工打样灯具成品。

第6章　现代灯具欣赏

教学目的

本章通过对现代优秀灯具作品的欣赏，来提高学生对优秀设计作品的鉴别能力和欣赏水平，从而提高学生的灯具设计能力。

教学重点

培养对优秀设计作品的鉴别能力和欣赏水平。

教学要求

知识要点：欣赏优秀作品，能识别作品优点并分类。

能力要求：通过优秀作品的欣赏学习，使学生具备对优秀作品的鉴别能力，提升欣赏水平，从而提高综合设计能力。

相关知识：现代灯具的特点分类欣赏。

引　例

现代灯具发展迅速，种类繁多，形态各异，各种优秀的灯具设计作品进入我们的生活，大众用户会怎样欣赏并选择灯具已成为灯具设计师应该着重关注的市场需求点。本章收集了一些现代优秀的灯具设计作品，来培养和提升学生对优秀灯具设计作品的鉴别能力与欣赏水平，从而提升学生的灯具设计能力。

6.1 情趣化的灯

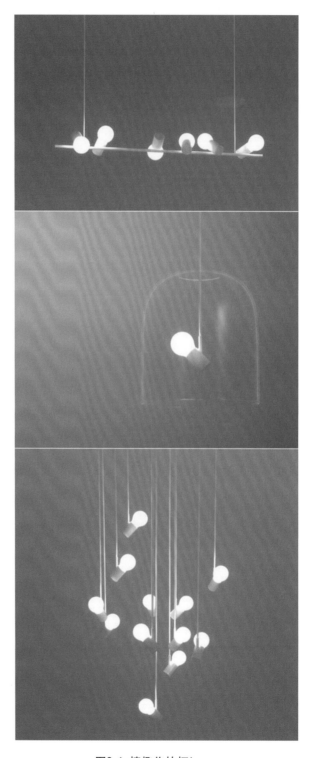

图6.1 情趣化的灯1

图6.2　情趣化的灯2

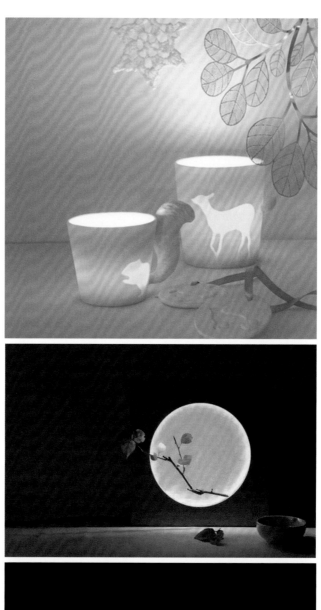

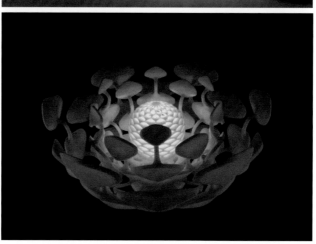

图6.3　情趣化的灯3

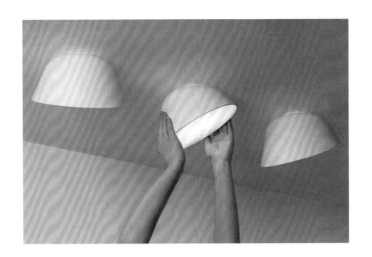

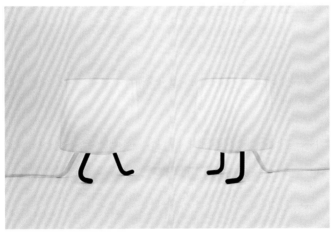

图6.4　情趣化的灯4

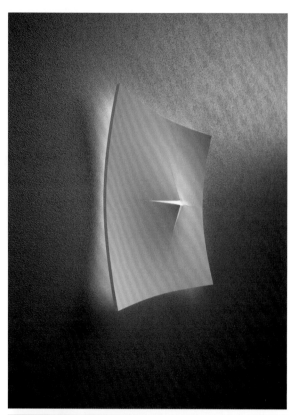

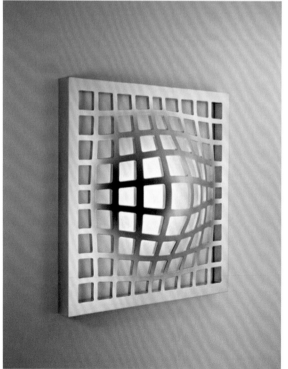

图6.5 情趣化的灯5

6.2 注重造形的灯

图6.6 注重造形的灯1

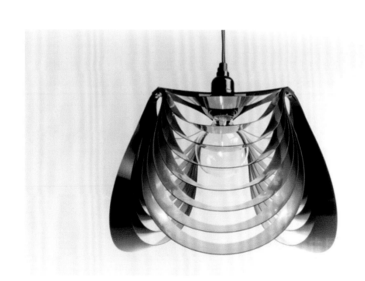

图6.7　注重造形的灯2

图6.8 注重造形的灯3

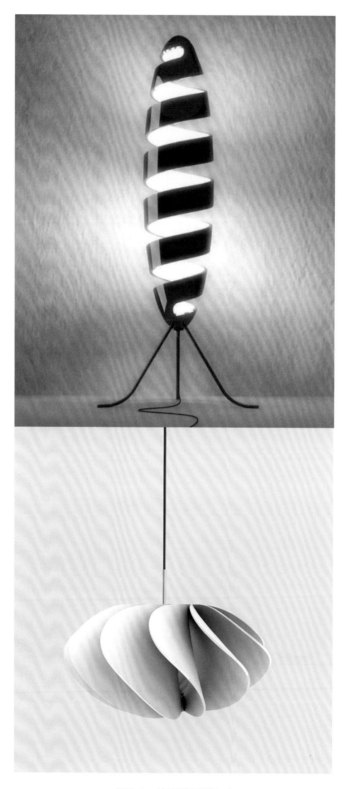

图6.9　注重造形的灯4

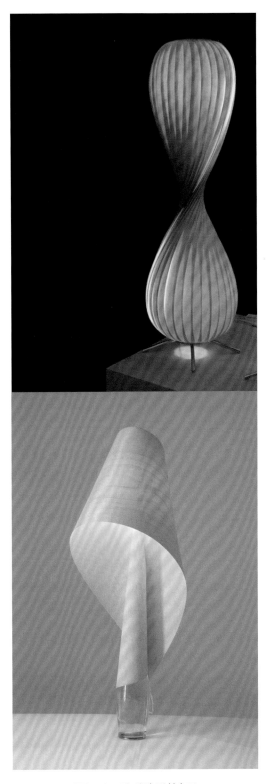

图6.10　注重造形的灯5

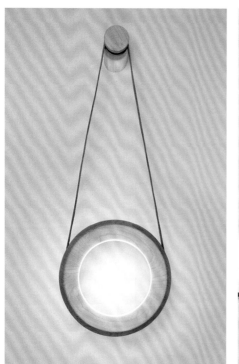

图6.11　注重造形的灯6

灯具设计（第2版）

图6.12　注重造形的灯7

6.3 注重材质的灯

图6.13 注重材质的灯1

图6.14　注重材质的灯2

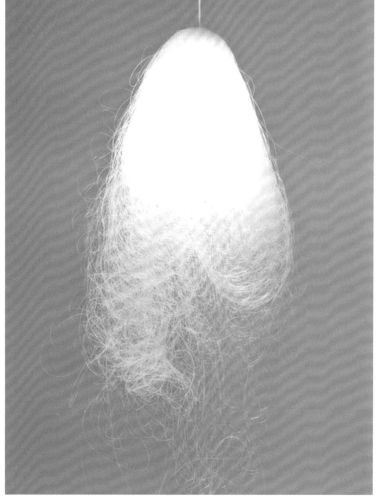

图6.15　注重材质的灯3

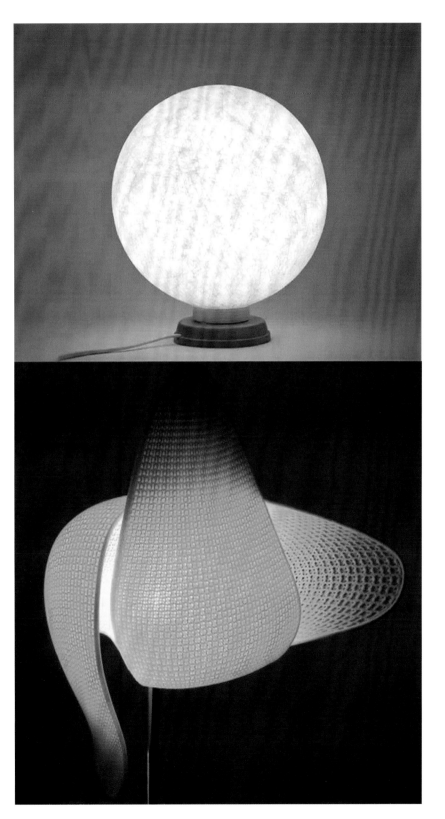

图6.16　注重材质的灯4

图6.17 注重材质的灯5

灯具设计（第2版）

图6.18　注重材质的灯6

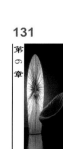

6.4　注重光影的灯

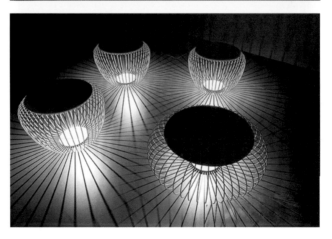

图6.19　注重光影的灯1

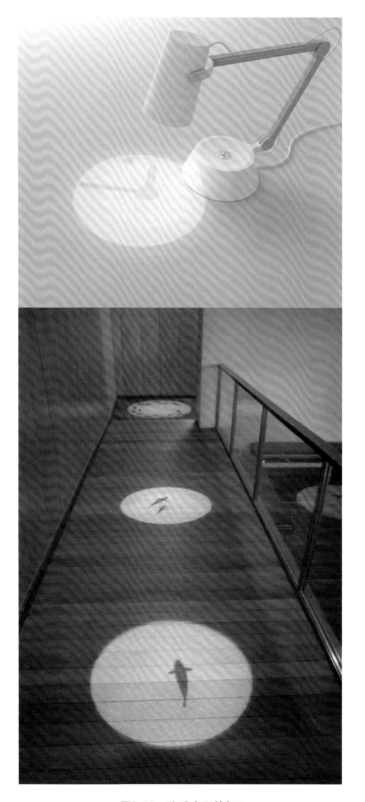

图6.20　注重光影的灯2

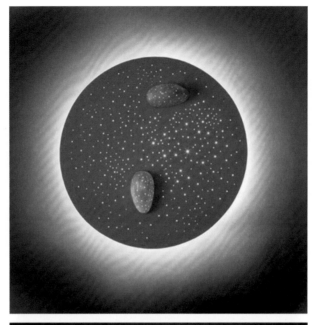

图6.21　注重光影的灯3

图6.22　注重光影的灯4

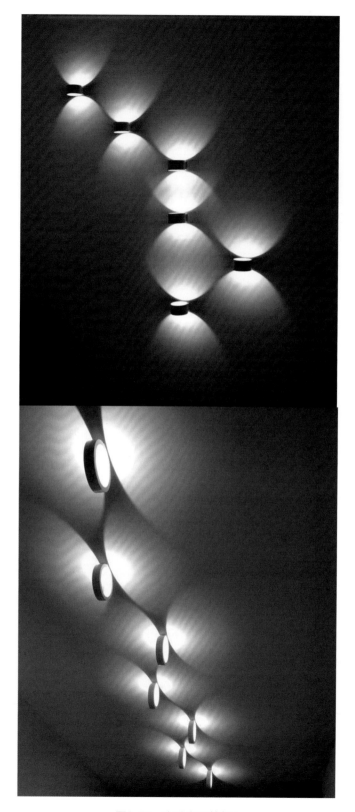

图6.23 注重光影的灯5

图6.24 注重光影的灯6

第
6
章

6.5 注重应用方式的灯

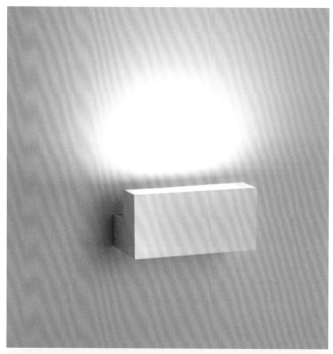

图6.25 注重应用方式的灯1

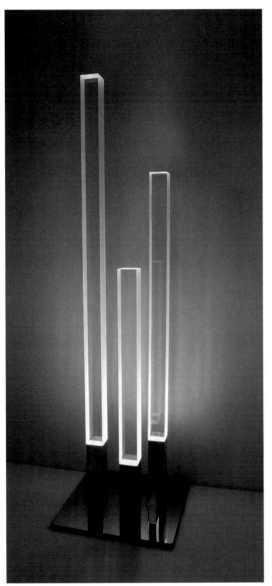

图6.26　注重应用方式的灯2

灯具设计（第2版）

图6.27　注重应用方式的灯3

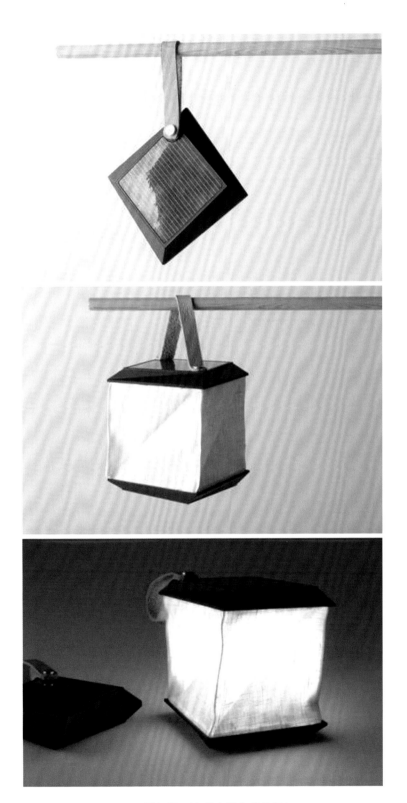

图6.28　注重应用方式的灯4

图6.29 注重应用方式的灯5

图6.30 注重应用方式的灯6

143